中信出版集团 · 北京

目录 CONTENTS

Part I 关于绅士

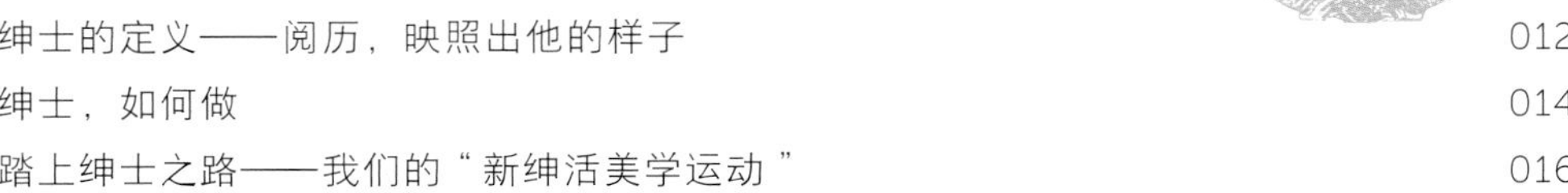

Part II 绅士的衣柜

西装 SUITS

皮鞋 LEATHER SHOES

绅士帽 GENTRY HAT

皮包 BAG

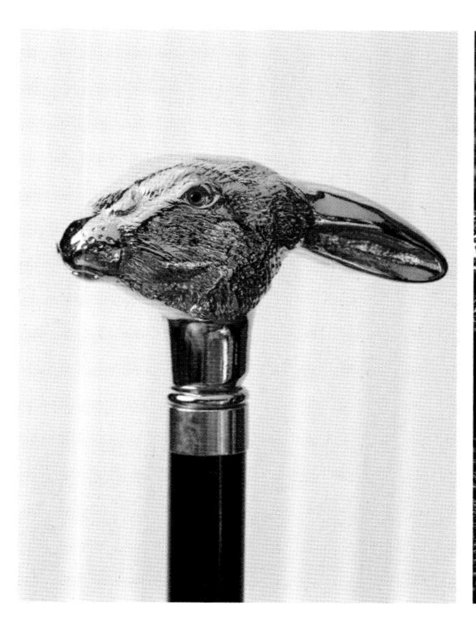

配件 ACCESSORY

文具 STATIONERY

修容用品 HAIR, SHAVING & GROOMING

Part Ⅲ 绅士的内涵

Part Ⅳ 定制一位绅士

PART

I

关 于 绅 士

ALL ABOUT GENTLEMAN

绅士的定义——
阅历，映照出他的样子

袁青，资深时尚媒体人，著有《袁青时尚学》。

“绅士”应该是由内而外，涵盖气质与品位的内化，重点在于个人的阅历。累积生活经验与知识，懂得分辨好坏，是成为绅士的开始。

绅士精神

绅士，并不泛指“穿上西装的男人”，这个称呼应该更接近一种内化的气质。从容、自信、不造作，这三个特质可以说是绅士的基本架构。此外，幽默感，面对未知的事物有勇气，有同理心，愿意去尝试，理解不同风格——自己未必接受，但尊重其他人的判断，这些都是“绅士”这个词常见的具体指涉。从这些条件去反推，一位从容、云淡风轻、有同理心，同时也很幽默的男士，通常也是一个阅历很丰富的人。丰富的人生经验与见识，支撑着他的从容不迫以及自信幽默。

人生的阅历无法量化，或用金钱一次性买断。际遇、参与的活动，以及投注的时间，都会雕塑出一个人的气质。读书、参加活动、有勇气尝试不同事物，都会滋养人的气质。和绅士相处，会感觉舒服自在、没有压力；感觉对方很博学，但又不自负、不粗暴，没有负面情绪——这都是绅士必备的基本素质。

认识场合，
认识自己

外在是内在的反映。而想要经营外在，首先便要知道场合与身份。场合就像是主题，如果只考虑自己，不论穿得多帅气，一旦错了，自己不自在，其他人看你也奇怪。场合中的衣服样貌，都是约定俗成社会化的结果。如果你见多识广，参加过很多活动，就会知道场合的对应内容，穿衣服便不会出错。

男士着装的基本要求，是从头到脚都要整洁。在亚洲，我们普遍觉得日本男人看起来比较帅，这是因为日本人很重视自己的发型，头发修剪整齐，一个人就有精神。特别是，发型关系着身材与脸型，关心发型的同时，也会了解自己的身材与脸型的优势在哪里。譬如宽脸男性，就不适合留长发浪子头；发量少却梳“油头”，看起来头就会更“单薄”。换句话说，对自己身体的了解也是一种阅历，了解自己的优缺点，才能扬长避短，用衣服、道具为自己加分。

何谓品位

如果你够了解自己，见识也够宽广，就不会什么都不懂，像个刚出社会的大男孩。当一个人看得愈多，知道的东西愈多，渐渐就有了分辨东西好坏的能力，这种能力

HOW TO DEFINE A GENTLEMAN

叫作“品位”。当你懂得分辨不同物件的价值，就可以知道这个东西该如何使用，该怎么比较优劣，买东西时就不会被当成笨蛋了。但这不表示品位是用金钱堆砌的，不懂如何分辨物品好坏，才是没有品位。每个人做过的事情，都会内化成自己的一部分，而在做的过程中，自己也会汲取养分，进而成为知识。所以品位的养成，还是要回到人生经验与阅历。

时尚方法论

男人愈早意识到自己的阅历、气质以及品位，就可以愈早开启自己的时尚开关。当你开始思考“我在别人面前会是什么样子”，你便可以探索自己的时尚方法论了。

增加阅历需要勇气。以服装来说，“颜色”是最简单、最容易的入口。款式会有门槛，但颜色没有，你只需要找到适合自己的颜色。很多男性面对多彩缤纷的颜色有莫名恐惧，不敢尝试。其实，试过才发现不适合又如何，再找便是。相反，一旦色彩松绑，很多穿搭的框架也解套了。找到一个合适的颜色，就有机会再去试试其他。色彩可以给一个人快速带来新鲜感，如果自己的风格已确立，便可以通过色彩和材质表现变化。如果你累积了很多好质感的单品，搭配起来自然不会太差。

材质胜过款式

在购买单品时，建议把握“材质胜过款式”的大原则。“快时尚”可以让你拥有非常多变的风格，但衣物质料通常不大好，款式淘汰也快。长久下来，就无法认识更好的材质，因此建议逐渐提升单品的品质，而不要一直花钱买品质相近的物件。像皮衣、风衣等可以快速改变气质的单品，一定要有一件。一旦遇到有需要的场合，才不会没衣服穿。

至于时尚的练习，也不需要太执着于风格变化，多看多尝试，你会发现所谓的“风格”到最后都会贯通，回济自己的内心。去问、去找、去做的过程，都是自己生命阅历的累积，以及对个人风格的定义。换句话说，绅士是需要时间养成的，各种认识和阅历，都无法一次备齐。

绅士，如何做

郭仲津，著有《英伦绅士潮》。

改变自己，要先勇敢离开内心的舒适区，多看多接触不同风格，勇敢尝试那些不知道怎么用、怎么驾驭的单品。没有什么传统是不能被打破的。

全球蔓延的绅装风格

这几年，绅装的影响力逐渐走高。探究原因，可以发现定制服装在20世纪90年代开始复苏。20世纪80年代风行全球的成衣，休闲化的倾向已到极致，当高端客户群渐渐无法被满足，许多知名男装便纷纷提供定制服务，时尚钟摆再次荡回成衣彼端的定制服装。

这样的风气一部分也是拜脸谱网（FaceBook）、照片墙（Instagram）等社群新媒体的风行所赐。以前，时尚与流行的话语权掌握在大众媒体手中，但随着社交软件兴起，小众事物得以快速发展，视觉文化的大量传播更打破了语言隔阂，绅装的美学也因此更为人所知。

当大众遭遇新鲜事物，一定是从肤浅走向专精，最初只要拥有就满足了，看得愈多，用得愈多，才能慢慢分辨好与坏。

从文化上看，早先的绅士服装本身就是身份地位的象征。在英国，常常可看到有些海外二代移民的穿着，甚至比土生土长的英国人还要更“英国”。服装也是个人文化归属的印记。

即使没有上述的文化，我们仍可以单纯从美感与场合的角度检视男士们惯常的服装意识。举例来说：在英国，运动鞋就是运动时穿的，牛仔裤意味着休闲路线，依活动场合选配服装，男士们不会坚持牛仔裤与运动鞋这种万年不变的组合，这件事其实反映了他们对于细节的用心。台湾则是一个实用主义抬头的地区，强调性价比、功能性，美感判断却被放在后面。从这个角度看，男士们实在拥有太多能让自己穿得更好的机会与场合。

Don't be shy（别害羞）

在台湾，穿绅装主要是工作或婚宴需要，大多数人都选择规格化的西装，重视尺寸、不强调个性。而少数穿搭玩家，为了与常见的规格化区别，会表现出极端风格，很多造型连在英国当地都很难看到。台湾的中间族群很少，整体呈现一个M型的分布，

HOW TO BE A GENTLEMAN

这显示出大众绅装品味的不普及。对比英国，中间值的一般大众最多，其次是习惯规格化服装的族群，人数最少的是穿搭玩家，整体呈现波峰状。

规格化表示安全，不出错。不知为何，台湾男士们总害怕穿得太突出，特别好或特别坏，都有压力，导致恐惧感大于想穿好的愿望。或许是因为我们的环境，从小到大总灌输男性没事不要花太多时间打扮自己吧。

我是男人，勇敢潇洒

想要改变，就多加练习。刚入门的朋友，建议要“善用裁缝”。要知道，买成衣，不大可能一买就符合自己身形，所以一定要修改。但在台湾，当你在专柜买衣服，一定很常听到导购们苦劝“宽大一些才好看、改短就回不去了”，百般阻止你修改衣服。修改是太重要的服务，影响着装的整体效果，即便你请师傅修改，也要确认其审美符合你的期待。所以说，衣服既然买了，就要做到适合自己，不要将错就错。

进阶的绅装玩家，建议多观察细节，培养辨识能力。譬如可先看袖口的扣眼是否打开，大致判断它是便宜的成衣、高级的成衣还是定制服。其次也可看翻领（驳头），翘起弧度若不自然，很大概率是机械裁，除非是故意。接着可观察驳头上面的扣眼，因为绅装的美学就是会加入设计，却不会张扬，所以很多品牌都会在扣眼加入独特巧思，由此也可判断品位。

我们的文化很多元，所以眼光可放得更远，慢慢尝试不同服装风格。我们的绅装风气才刚起步，重点在于自己要先踏出内心的舒适区，除了多看、多问、多逛，也要勇敢尝试以前想穿但不敢穿的风格。

无论如何，绅士风格只是服装中的一种，不是昙花一现，也不是忽然出现的。服装要能表现自己的心情跟场合，年轻时各种风格可以都穿一轮，后青春期的轻熟男们，若最后还是回归经典，何不趁早培养自己的审美意识呢？

踏上绅士之路——我们的“新绅活美学运动”

受访者：石煌杰，高梧集品牌经理。

很现实的是，到了一定的年纪，穿西装几乎是每个男人都避不开的一个课题。你可以不喜欢穿西装，但一定要穿的时候，你有没有把西装穿好的能力？

在台湾，对绅装有点兴趣的人，一定都知道Suit Walk（绅装走路，每年台湾的绅装爱好者们举办的一系列活动。——编者注）。百位绅士悠然走在台北东区街头的超现实奇观，幕后推手就是博客“顶级宅男”博主，同时也是高梧集品牌负责人的石煌杰（Brian）。谈起西装知识滔滔不绝、坚持每天穿西装上班的他，推广绅士装的最重要原因，除了想改变男性的穿衣观念，更希望大众尊重每一个人的美学选择。

逆转大众的西装印象

满脑子绅装经的石煌杰大约从14年前就开始定制西装，因为想为日本旅行带回的一件浅灰色上装做条西装裤搭配，在台湾遍寻不到适合的布料，才发现布料世界的博大精深，激起他对服装知识与文化的学习，从此踏上绅士之路。

“与其说推广绅装，我们想做的其实是推广穿着合宜的绅装。”绅装是男人面对世界的第一张名片，穿绅装未必能够加分，不过也没有必要让自己扣分。如果自己都不在意自己的样子，怎么能说服客户你很在乎产品，或让客户晓得你拥有审美选择的能力？

因为大众对绅装的陌生，绅装的日常应用便具有示范与推广的作用。因此，在Suit Walk你可以看到很多绅装的样态。“台湾的绅装市场很小，我们希望让大众先有一个普遍的认识，把市场做大，让更多人知道这件事，让更多人愿意接触绅装。”主办方只会要求参加者尽量打领带、不穿牛仔裤，其他几乎不会设限，也不强调基本教义派的绅装规则。事实证明，有愈来愈多男士，不是基于需要，而是因为想要而开始接触绅装，Suit Walk名副其实地成为入门新手开启绅装认知的一把钥匙。

看得太少，便容易满足

在街上，总是可以看到不同的穿衣风格。国际精品路线、潮牌风、运动风、嘻哈风……大众并不会对这些服装有所批评。但你若在路上穿着成套西装，却很容易遭

BEING A GENTLEMAN

到询问:“去结婚吗?”“刚去面试?”“有大事吗?”大部分的人都没有意识到，这是基于不理解而延伸出来的无礼与不尊重。如果你的生活不需要穿绅装，这没有什么，但身为男人，一定会有一天，需要好好地穿上绅装。当那天来临，从未练习穿绅装的男士，是否拥有足够的能力，能够合宜地将绅装穿对、穿好呢?

绅士的马步——成套西装

入门总得做功课，石煌杰给绅装新手的建议是先把成套西装穿好。很多绅装新手，一开始就混搭，当真正需要穿成套西装时，却无法驾驭。譬如:衬衫没有选好、领带不会打、合身度不佳、皮鞋搭配失准。成套西装没有素材搭配的问题，不像非成套的西装上衣，常搭配休闲裤，需要考虑材质跟花色。因此建议先穿好最保守的成套西装，不要一开始就进入搭配，以免忽略很多基本细节。

而在购买西装的时候，考虑的因素又可以分成:合身、材质、工艺、风格四个方面，它们建构了西装的价格。如果预算有限，最优先要解决的就是合身;预算多一点，就可以换好一点材质;预算再多，就考虑工艺，像是全定制，或请好的师傅制作;预算充裕，再去考虑风格。穿好成套西装，其实有很多练习的空间。优先解决合身问题，减少变动因素，才不会出错。

回归生活的样态

不考虑结婚、颁奖等非日常情境，第一套成套西装，以日常生活的需要考量的话，建议挑选蓝色、灰色调的纯色西装。在传统绅装的概念中，黑色西装其实不是日常的颜色，它比较正式，适合婚丧喜庆。如果不需要穿成套，以搭配牛仔裤的西装上衣入门，则建议挑选有纹路的，但纹路不宜突出。如果只想做一套西装，但又希望可以结婚穿、假日穿、上班也穿，它反而不好融入自己的生活日常，总会发现某些细节不合适。

所以正确的绅装观念应该是:商务定位，就要穿好商务的样子;休闲的时候，也可以优雅地穿出休闲感。根据自己的日常，打造适合自己的衣着。有一天当你变成绅装玩家，再去思考风格是否正确。不过，这又是另一个博大精深的课题了!

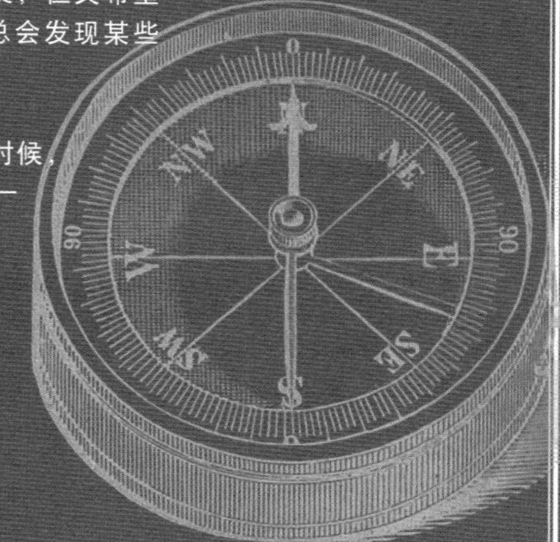

PART

Ⅱ

绅 士 的 衣 柜

A GENTLEMAN'S CLOSET

SUITS

代表专业与自信的第二层皮肤

西装

一袭体面的西装是一位绅士最佳的战袍，足以使其在举手投足间散发自信从容。英国伦敦市区的一条老街道——萨维尔街（Savile Row），两旁林立多家19世纪初即已创设的西服定制店，被认为是现代西装的正式发轫地。

著名男装设计师汤姆·福特（Tom Ford）曾说："萨维尔街的裁缝，奠定了20世纪男人的时尚标准。"从法国的拿破仑三世、英国首相丘吉尔，到美国总统老布什，各路名人政要莫不把这里当作自家更衣室进进出出，短短数百米的街道，呈现了一部精彩无比的西装发展史。

随着时光的推进，西装样式加入了不同地区的风格变化。强调厚实胸膛与收缩腰部的英式板型，整体线条柔和宽松的意式板型，以及曲线不明显、被称为箱型轮廓的美国板型，堪称今日西装剪裁的三大流派。

以西装的设计样式来说，基本上有领型、颜色、图案与布料等多种组合变化，熟悉它们背后的含义，有助于凸显个人特色及品位，例如领型，标准领（notch lapel）适合绝大部分场合，剑领（peaked lapel）最好不要在下对上的时候穿着，正式仪典中选择丝瓜领（shawl lapel）礼服最能彰显隆重感。

在颜色方面，黑色、深蓝、深灰都是不失礼的色系，鲜艳色彩则易被视为休闲风格。常见的图案样式里，单色素面有成熟稳重感，竖条纹显修长，方格纹赋予活泼趣味。至于布料，亚麻、棉或蚕丝混纺等材质是春夏追求凉爽透气的首选，羊毛、羊驼毛等混纺毛料可以为凛冽寒冬添增温暖舒适感。

西装各部位名称

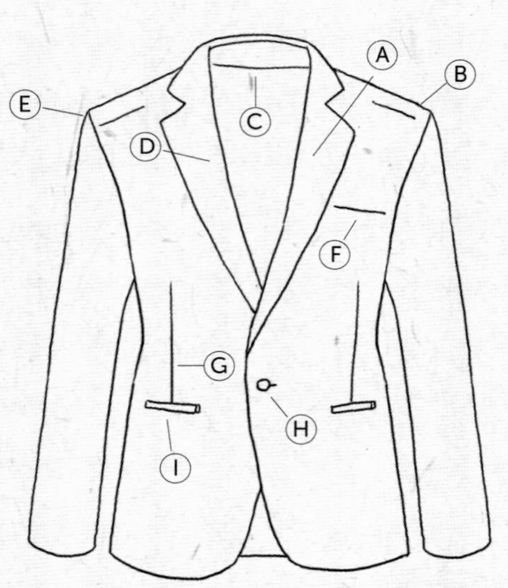

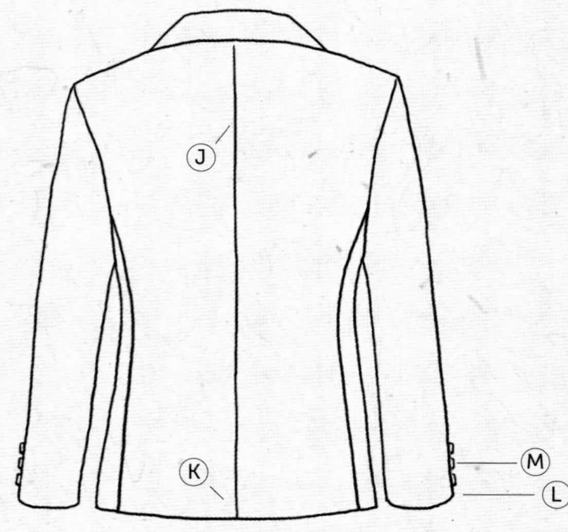

Ⓐ 上领片（collar） Ⓑ 肩部（shoulder） Ⓒ 衬里（lining，又称内里） Ⓓ 下领片（lapel）
Ⓔ 袖山（sleeve cap，袖子顶端山形处） Ⓕ 胸部口袋（chest pocket） Ⓖ 前褶（front tart）
Ⓗ 纽扣（button） Ⓘ 腰部口袋（waist pocket） Ⓙ 中缝（center back seam）
Ⓚ 下摆开衩（back vent） Ⓛ 袖口（cuffs） Ⓜ 袖扣（cuffs links）

领型分类

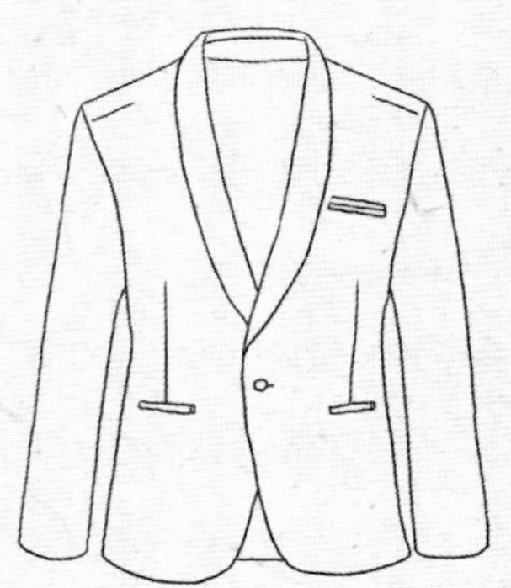

标准领（notch lapel）

最常见的西装领型，又称为西装领，上领片与下领片的衔接部分有三角形缺口，也被称为平驳头或缺角领。领片稍小为小标准领，另外还有大标准领。所有正式商务场合都适用，是最实用的必备西装领型。

剑领（peaked lapel）

上领片较窄，下领片较宽且有锐角向上扬起，又称为尖角领、枪驳头。常见于双排扣西装，在20世纪20—30年代曾盛极一时。比起基本款的标准领更显得派头十足，所以有一说是，此领型在上下级关系严谨的公司中较适合高阶主管穿着，因为职场新人难以衬托其英挺气势。

丝瓜领（shawl lapel）

其特征是一体成型，不分上下领片，领片形状如同新月般，因此又称为新月领，予人高贵华丽的气息。不适用于平常工作中穿着，大多呈现于礼服样式中，供男士们于宴饮集会、仪式典礼中穿着。

板型简介

英式

20世纪初期，“不爱江山爱美人”的温莎公爵（Duke of Windsor）常身着英国三件式西装造访欧美各国，一身精心打扮的绅士行头风靡各地，顺水推舟使西装成为当代正式服装的代名词。

英式西服板型由军装样式演变而来。地处温带的英国气候偏冷，西装剪裁上使用更多毛料衬垫，保暖之余更烘托出胸膛的丰厚度。厚实垫肩使得肩线更为硬挺凸显，上半身呈现T形线条。腰部则刻意收缩、提升，营造窄而高的腰部曲线。传统剪裁的背部下摆两侧开衩，单手插裤袋时仍可保持背部线条平顺。

整体而言，英国人穿西装追求的是完美的身材比例，宽肩、窄腰、长腿的身体曲线，使得立体感十足，呈现考究严谨的结构美学，实际穿在身上可感觉板型的服帖合身，偏瘦的东方人可借此突出身形线条。

意式

据说意大利政府推动西装发展之初，为了与起源地英国一较高下而特地在板型上创造出差异性。位于欧洲南方的意大利气候更为温暖，西装板型也跟着追求轻巧柔和的轻松感受，被认为是软式剪裁。意式板型肩部线条重视圆润感，垫肩的使用节制许多，肩线虽然方挺但较为自然。

胸膛轮廓依然饱满，腰线略微提高，下摆亦服帖身形，背部下摆一般不开衩，营造出上半部的X形线条，带来苗条飘逸的视觉观感，在满满的男子气概之中却不至于过度刚硬，融英挺与优雅于一身。

皮尔斯·布鲁斯南所扮演的“007”时常在世界各地出生入死，意式剪裁宽松舒适与流畅利落的风格取向，的确是这位行动派绅士的不二选择。

美式

美国的西装剪裁脱胎自英国板型，由于美国人具有拓荒者的性格，喜爱简单纯朴的设计与穿着上的灵活，美式西装板型于是走向宽松舒适，比起英国西装的正式拘谨，充满了随性洒脱的气息。

美式板型有时候会干脆拿掉垫肩，使得肩形更加自然。不刻意收腰、拉高开襟部分、没有复杂的褶线、将后背侧边双衩简化为中央单衩，整体呈现直线式箱型轮廓，任何体型的人穿来都毫无负担，体形丰满的男士特别能领略这种剪裁的好处。

最典型的美式板型由纽约的布鲁克斯兄弟（Brooks Brothers）所推出，这家位于麦迪逊大道的服装公司是美国老字号之一。常春藤学院风潮与美国总统肯尼迪，都曾带动过美式西装的世界热潮。

设计师带路，给绅装新手的建议

颜立翔，嘉裕西服设计师。

设计西装，最困难的地方在于试穿与合身，这需要经验与沟通。设计师一定要了解顾客的需求，他希望舒适、方便活动，还是可接受活动度差，但要笔挺、修身？也建议所有男士定制西装前，可以先思考一下，你会穿这件西装做什么？

“老实说，定制西装穿过一次，就回不去了。”嘉裕特约设师颜立翔（Kenny）说。带着一贯的帅气笑容，服装散发着优雅、自信，但也掺入了微微叛逆气质的他，谈到最喜欢的西装设计，眼神发亮地介绍新手上路须知。

三种选择

穿搭的起点就是消费，购买西装的三种选择，可以分为ready to wear、MTM以及bespoke。

ready to wear就是所谓的成衣，它的款式是设定好的，扣子、开衩的方式、领型等都是固定的，使用者也可以试穿之后再去修改，但只能以服装既定的形式，去配合使用者的身材。MTM，即made to measure，一般称为套量定制。使用者同样先选择适合自己身材的板型，再去修改，但MTM有选择，所有的MTM都可以修改领型、布料、内里开衩方式、开扣方式等。概念很像买车的选配，可以一直加购，不像成衣那样规格化。而近年开始复兴的bespoke就是全定制。原则上，客人想要怎么做，设计师就会帮你完成。可以说完全是“无中生有”，定制的程度相当高，也没有修改的框架限制。

消费须知

如果是第一次购买西装，建议从MTM开始。MTM是西装市场的主流，基本上，除非身材特别壮硕，或是需要设计特定规格、改变材质或风格的创意，MTM已能满足大部分日常需要，价格上也会比bespoke更加经济。

颜色则可以选择黑色或接近藏青的深蓝色。在台湾，黑色应用在工作、商务场合，接受度比较高，不过也容易带有刻板印象。藏青色其实在一般光源下有点儿像黑色，白光下则呈现深蓝色，视觉上有更多的层次感。内搭衬衫应以基本款白衬衫为主。入门新手可以顺便建立一个观念，衬衫其实应该是接近内衣的概念，西装才是上衣，所以通常不会单穿衬衫。

第一套定制西装也不建议使用纯羊毛面料。羊毛质感细腻，好穿好活动，但也因为细腻，容易钩破，保养清洗较费工。建议新手选择70%~80%羊毛含量、20%~30%聚酯纤维的混纺布料。羊毛因为细腻，所以垂坠性高，这也导致西装的笔挺度没有那么强。少部分的聚酯纤维，有助于保持整套西装的硬挺感。

定制的魅力

很多人好奇，成衣就有很多选择，为何需要分MTM、bespoke？又为什么穿过bespoke就回不去了？要解答这个问题，就必须先提到“标准”。在服装的世界里，可以依存的只有“标准”，也就是所谓的S、M、L、XL。纺织业相关组织每年都会提供一个某地服装尺码的平均值。假设男女各抽样500人，测量他们的身材，计算平均值。抽样，就是市面上成衣尺寸的计算逻辑。穿成衣时，需要找到接近自己身材的标准值。

但每一个人都是独一无二的，可能两个骨架类似的人，其中一人经常运动，造成他肩宽且胸厚。如果穿同一件衣服，活动的灵活度，也一定会不同。所以在西装的世界，所谓的高矮胖瘦并没有那么重要，需要注意的是使用者的肌肉线条，譬如：平肩、斜肩、高低肩、挺胸、驼背等不同状况。

无法言喻的感觉

定制西装让人最有感觉的地方，在于它的合身度以及活动性。如果你的身型刚好在成衣的标准值里面，购买成衣品牌的西装，之后局部修改，或许就很适合。但若你的身型是在标准值以外，你就需要定制西装。

当你穿着一件完全照着自己身型去设计的衣服，你的身体会记忆服装的舒适度，当你习惯定制西装的合身后，再去穿成衣，身体就一定会感受到局部细节，以及行为动作的差异……

定制西装，一定会照着使用者的肩宽、前胸后背尺寸去定制，这些细节都会影响活动的幅度。除此之外，西装也可以修饰身形，塑造高挺、瘦长的视觉效果，巧妙地遮掩身材的缺陷。所以在定制的时候，务必要跟设计师讨论，你穿这件西装的目的是什么？日常工作、假日休闲，还是婚礼需要？使用目的会关系到身体的活动度。

Ring Jacket

成立于1954年，有超过60年历史，Ring Jacket的品牌理念是“生产和定制西装相同质感及板型的成衣”。为了提供高品质的西装，品牌严选英国及意大利的纺织材料，以全马毛内衬以及半手工制造，力求提供极致成衣体验。Ring Jacket的西装融合了日式与意大利南部的风格，强调轻薄简约的自然效果。

001

002

开启成衣黄金时代

001

Ring Jacket / 深蓝色MEISTER SUIT系列西装外套

Ring Jacket是日本当红高级成衣品牌。虽然是成衣，但是做工与用料的精致程度，几乎等同手工定制。旗下的MEISTER SUIT系列，选用意大利顶级的Loro Piana（诺悠翩雅）布料，130支的工艺，使素面西装表面散发内敛光泽。扣子位于上腰处，使身形看起来修长，领片处也因二扣半的纽扣设计，弧度更为自然生动。

002

Ring Jacket / 269E深灰色竖条纹西装外套

8.5厘米宽的领片设计，让领片宽大，传统复古的造型，让胸形显得饱满，更具英挺壮硕气势。此款西装上衣使用Lovat羊毛，相当保暖。虽采取大领片设计，但该品牌全系列为了营造年轻形象，刻意缩短袖长，此款也不例外，即使在秋冬穿着，仍不会感到束手束脚，相当方便活动。

细节的盛宴

003

高梧集 / 定制西装（单件西装上衣、西装背心）

三件式（同时穿着背心、西装上衣与西装裤）是较正式的穿着。高梧集的定制西装长度略长，约至男士臀部3/4处或完全遮住臀部；驳头相对稍宽，诉求基本教义派的经典样式。较长的衣身可产生和缓腰线，人的轮廓显得修长。品牌强调西装的自然线条与男士着装后的舒适度，并针对不同男士的生活样态做设计，如为常出差的客户选择抗皱透气的布料，量身、制版、布料剪裁各细节皆相当考究。

高梧集

“凤者，鸟中之王，唯择高梧而栖；绅者，风格独具，唯择风雅而服。”“绅装走路”活动发起人石煌杰主理的绅装定制、选物店，服装与选品皆以他个人偏爱的绅装美学延伸。自认为是绅装基本教义派的石煌杰，坚持所有绅装配件的合作工厂一定要亲临现场确认，坚持亲自前往意大利探访合作品牌，更花费心力寻觅、严选做工细腻的绅士配件。走访欧洲遍寻绅装道具，同时隐身台北静巷的高梧集，就像个古典绅装美学家，等待着向往精研古典绅装趣味的玩家登门一访。

004

高梧集 / 定制背心

关于背心，绅士最介意的就是穿着让人感觉像是服务生。因此在挑选背心时，建议大胆选择装饰性强的款式，如外里布带图案，或是有领片的设计。而当绅士脱下西装上衣时，背心应要能贴身包覆身形才利落。背心下摆的最低点（三角形凹处顶点）应以盖住腰为最佳长度。

006

005

金兴西服

金兴西服（GOLDEN TAILOR），由邱文兴（Tailor）与游金涂（Golden）两位获得国际设计大奖的大师于2015年共同创立，是台湾少数采用“全定制”方式的手工西装品牌。比肩英国萨维尔街上的最高等

级定制方式“bespoke”。相信通过合适的西装，能展现个人专属自信风格，强调“修身剪裁”与“客制化服务”，期待为每一位男士呈现独到的衣着品位。

穿上国际设计金奖获得者作品

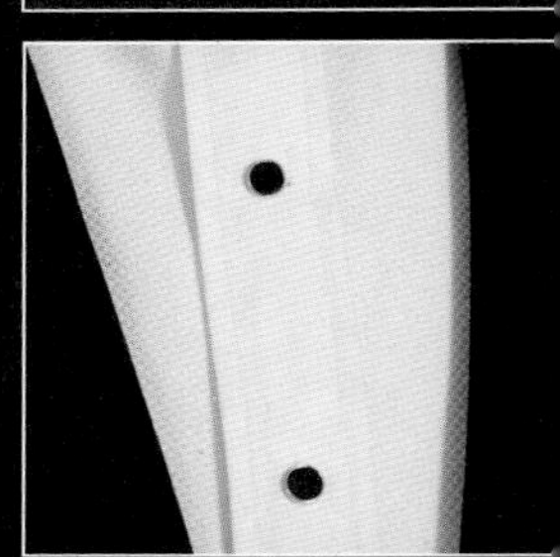

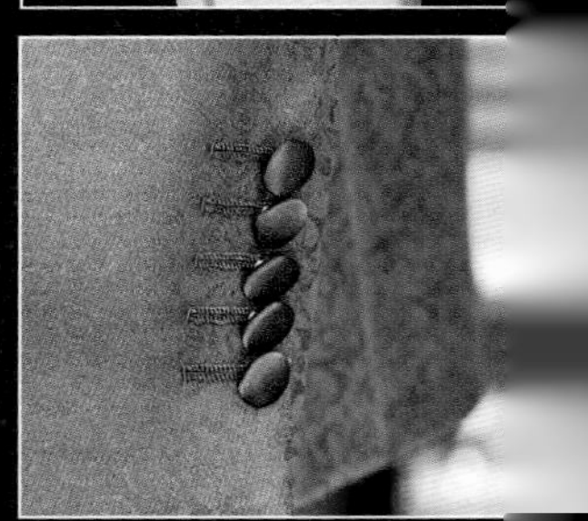

005

金兴西服 / 剑领双排扣银葱礼服

利落硬挺的剪裁，让这件礼服充满了权威、庄重的气势。大领片的剑领、上方两颗样扣、下摆偏长等特色让礼服具有浓厚的经典传统气势。整件礼服的亮点在于使用带有银葱的混纺面料，在传统样貌中，变化出烁烁星空般的华丽表情。

006

金兴西服 / 方领格纹礼服衬衫

由于礼服极为抢眼，内里搭配格纹礼服衬衫，营造互补的视觉效果。门襟与扣子的设计感强，格纹图案近观时细节较为明显，远看像是纯白衬衫，与礼服搭配后呈现远近不同的观看层次。

007

金兴西服 / 丝瓜领单扣礼服

此件礼服也是静态比赛礼服组的得奖作品，利落丝瓜领延伸出上装的整体修长感，呈现静谧、内敛的视觉印象。近看后却发现是用带有图腾的高级绸缎所制作，同样呈现出远近不同层次的设计概念。由于面料本身已充满大量的细节质感，采访过程中，师傅灵机一动舍弃袋巾，而使用白色纸片模仿一字折的效果，点亮温润面料的一道生硬白色笔画，真是神来之笔！

008

金兴西服 / 小翻领压纹礼服衬衫

一般礼服衬衫正面必定会有压折设计，多为小翻领，以搭配领结。此款压纹礼服衬衫则舍弃压折，改以绵密的菱形压纹设计；线的视觉效果也因此转换为细致、密集的点。纽扣同样选用黑金搭配的金属扣，一眼便能看到衬衫白底中的醒目金边，同时也强调了“点”的设计旨趣。

[1] 指穿西装时胸前的V形区域，由衣领、衬衫（领结）组成。——编者注

蓝色笔记

009

金兴西服 / 标准领苏格兰纹休闲上装

此件单排双扣、大领片设计的休闲上装，简单惬意的外表下，配色细节却让人印象深刻。暗褐色的扣眼，通过跳色，直接而巧妙地抓住视线。纽扣的选用，同样呼应跳色趣味，刻意使用了带有透明感与渐层效果的牛角扣。天蓝色的苏格兰纹样，让上装整体充满了大气、潇洒、从容的感觉。细节处则使用色彩与质感，注入沉稳风格，兼容休闲与成熟的逸趣。

010

金兴西服 / 长尖领蓝色竖条纹衬衫

竖条纹衬衫通常具有强烈的商务气质，可说是日常工作的基本款。此件搭配即是商务衬衫表现休闲感的绝佳示范。衬衫在此为辅，呼应上装的蓝色调，由外而内，渐次呈现出“由面到线”的蓝色层次。变形虫领带与蓝白口袋巾的自然曲线，也化解了V-Zone[1]线与面的生硬感。活用色彩与造型观念，简单基本的商务衬衫，仍能变换服装细节。

Carnival（嘉裕西服）

成立于1969年，前身为嘉裕纺织股份有限公司，1977年开始以品牌经营的概念，推出Carnival（嘉裕西服），多年坚持品牌本土化的定位，让该品牌成为台湾绅装族群的经典记忆。除了提供套量定制与全定制的服务，同时也是阿玛尼品牌（旗下包括Giorgio Armani、Armani Collezioni、Emporio Armani、Armani Jeans、EA7、Stefanel等）服装的台湾总代理。

经典记忆的当代复兴

011

Carnival / 普通版

嘉裕西服普通版拥有良好的修身效果，对于板型中的三个重点（肩线、胸围、腰围）特别讲究，下摆则随着胸、腰的弧度自然延伸，不做刻意收放。而无论是合身版还是普通版，都可再依高矮胖瘦分类调整，也提供各种颜色与质地的布料供选择。

012

Carnival / 合身版

师法意大利风格，材质讲究柔软舒适，布料轻薄，坠性高。合身版西服的前胸稍微收紧，袖山弯曲的幅度比较大，腰身缩得较多，而线条仍然柔顺流畅。此款板型特别强调修饰身材的功能，重现男性的优美轮廓。

把悠闲作为绅装配件

013

Carnival Generation / 休闲格纹猎装上衣

采用常见于毛呢猎装（norfolk jacket）的格纹织法，以便提供行动时的拉扯自由度，深咖啡底色上织浅蓝条纹的设计，适时提高整体亮度，摆脱沉闷感。板型剪裁上富有曲线弧度，不刻意强调腰身，更自在写意。无论假日活动还是轻松一点儿的正式场合，都可以跳脱常规装扮，带来全新穿搭乐趣。

014

Carnival Generation / 浅灰素面猎装上衣

猎装原本是欧洲贵族外出猎游时穿着的，通常只有一件上衣外套。这款铁灰色厚毛呢料猎装以人字斜纹织成，可以提供较大活动幅度，手肘部分的补丁原本是卧姿射击时防止磨损的经典设计，大型外贴袋方便存放随身物品，是功能性强又潇洒无比的休闲西装。

Carnival Generation

以休闲绅装为主要定位，强调 Mix & Match（混搭）的服装设计旨趣，色彩、材质更为多变。维持传统西装的板型、品质，兼具日常休闲气质。不同单品的搭配，日常亦可简单点缀出绅装风格。

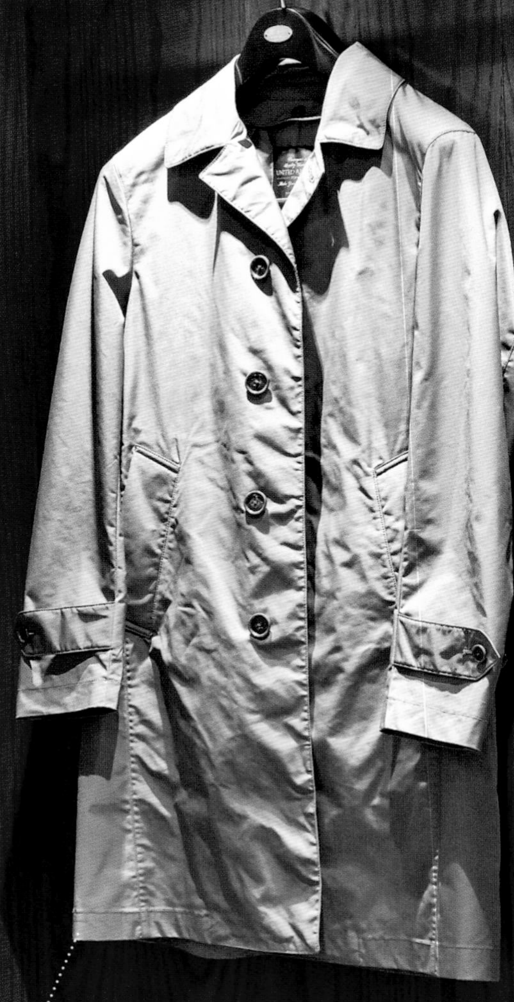

015

016

015

UNITED ARROWS / 防泼水风衣

风衣（trench coat）源于第一次世界大战中英国军人在战壕中所穿的军用大衣。风衣该有的基本功能：挡风、防水，UA经典款完全符合，更有与3M公司合作研发可拆卸式的内里保暖层，一年四季都实用，让男士们放心地在商场上冲锋陷阵。

016

UNITED ARROWS / 尼龙西装上衣

UA的Citility系列专为在城市中游走的创意人员而设计，摆脱正装穿着拘谨约束的印象。内里四个大型口袋足以容纳四台iPad mini平板电脑。抗皱布料防风防水又轻薄，袖口还有隐藏口袋可以放卡，装进附赠的收纳袋就是一款可随身携带的多功能休闲西装。

典雅的功能

UNITED ARROWS

创立于1989年，品牌名称取自日本战国时代名将毛利元就“三支箭”的故事，象征团结齐心的坚强意志。以商务休闲为定位的UNITED ARROWS除了深受日本绅士喜爱，也很适合喜爱街头、时尚、前卫等不同风格的服装与配件的人前来“挖宝”。

日式绅装的新意

017

UNITED ARROWS / 晚礼服

Tuxedo属于半正式晚礼服，通常于晚间宴会、高级餐厅等场合穿着，或者作为新郎的婚宴装扮。面料含有安哥拉山羊毛，质地细腻，焕发华丽光泽，领片边缘、侧边口袋与长裤两侧皆有缎面镶边，烘托出高贵出众的气质，也与一般用途的西装做出区分。

018

Camoshita / 深咖啡色人字纹西装上衣

UA创意总监鸭志田康人（Yasuto Kamoshita）被称为日本的时尚巨人，以他的名字命名[1]的西装系列格调高雅、气派十足。深咖啡色底交织人字纹，除了一般正装穿着，也相当适合搭配大地色系的高领或中高领毛衣。腰部口袋上方回归传统英式西装的票袋（ticket pocket），更是令人惊喜的设计亮点。

[1] 品牌名中将K改为C，据称是为了更加国际化。——编者注

019

Ring Jacket / 266 Check Jacket

材质为毛、麻、丝与尼龙混合，麻布透气，丝质布料滑顺，不过羊毛占大部分比例，因此仍呈现毛料质感。全内里可吸汗，避免汗水外渗，也可增加保暖度。由于冬天衣装多是深色系，其鲜明的格纹样式让男士在人群中更容易吸引众人目光。建议搭配高领或亮色系毛衣。

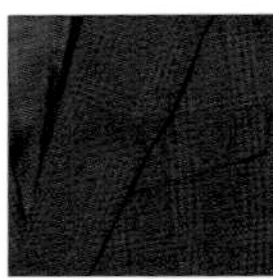

Armani Collezioni

Armani Collezioni主要为专业人士提供一系列高级定制西服、时尚运动装、晚装、外套以及各式配件，在细节方面无可挑剔，至臻完美。它体现了阿玛尼品牌的标志性元素，包括简洁的线条、巧妙的色彩、高级的面料、极其注重细节、合身和完美。**Armani Collezioni**反映并汇集了阿玛尼最新潮、最受欢迎的新风尚趋势。

传奇典范

020

Armani Collezioni / M-Line

有着意大利血统的阿玛尼西服，选用四季羊毛面料，轻薄偏软、坠度高、下摆带飘逸感，有利于强调英挺身形。**Metropolitan Line**（都会版）以入门款价格，提供适合亚洲人身材的西装，板型特色是下摆较短与追求合身，借此使身形更为颀长，呈现都市型男时尚风貌。

021

Armani Collezioni / G-Line

以阿玛尼品牌创办人乔治·阿玛尼命名的**G-Line**（经典版），自然是**Armani Collezioni**中最集中回溯经典的款式。宽松舒适的板型简直是为身材壮硕的绅士量身打造，不再强调高大身形者已经相当明显的肩线，而是让袖山自然顺下以收敛肩型，处处可见的流畅细节透露出意大利时尚的卓越品位。

022

Armani Collezioni / T-Line

Trendy Line（时尚版）的板型介于**M-Line**与**G-Line**之间，可说是取窄版与宽版的折中之道，舒适弹性恰到好处，并在三层布料之中多添加一层马毛。马毛韧性很强，使用在内衬中可使身材更显笔挺，但仍保持线条流畅，让绅士在举手投足间散发迷人魅力。

023

英伦风复兴

023

UNITED ARROWS / 红蓝格纹西装上衣、酒红色变形虫领带、茶色条纹衬衫

威尔士格纹以红、蓝格线包围灰、黑、白格纹，因深获英国温莎公爵喜爱而闻名于世。这种样式多出现于羊毛材质的秋冬西服，视觉调性温暖典雅。采用大翻领（rolling down lapel）下领片翻折至第一颗纽扣下方，是传统成套西装最常见的领式。

两边领尖上缝有提纽的系带领（tab collar）设计，领带可从提纽上方穿过，作用与针孔领的领针如出一辙，都可将领带往前推，显得更为立体，这是男装时尚大师汤姆·福特所钟爱的领型，一丝不苟的古典气息令人怦然心动。

在西服装扮中，左右领片包围的中央V形区域一直是注目焦点，而领带又是聚焦配件，选搭得宜更能呈现时尚品位。羊毛混合少量蚕丝的领带和大地色系秋冬西装搭配相得益彰，酒红色底与变形虫图案传达出稳重柔和的气息，有助于展现成熟男子的自信神采。

贵族风范

024

金兴西服 / 爱尔兰 Ul

此款羊毛风衣， 造型源
McGee（麦基）家族 Ulste
暗人字纹全羊毛面料，剪
优美。除了剪裁，此款风
细节，双排扣、样扣、大
的口袋，背后加入腰带的
看起来更具有古典英式气

COHÉRENCE

创立于2015年，以风衣作为主打单品的COHÉRENCE，创办人中込宪太郎（Kentaro Nak
欧洲的艺术、文学与建筑等深厚文化，于是从中取材，将这些艺术家、文人的创意加入
并以这些传奇人物的小名当作款式名称。COHÉRENCE的每件服装，都使用棉或羊毛织
布（jersey），衣长几乎都过膝，且轮廓多为直筒或A字形，不因穿上风衣而破坏里面的
具艺术气韵并保留舒适度的设计，是文艺熟男们的冬日首选。

利落是成熟风格的唯一准则

025

COHÉRENCE / 雾灰色 CORB 拉克兰袖大衣

没有腰线的拉克兰袖加A字设计，省去明显肩线，呈现A字形轮廓。除了便于穿脱，也更好在大衣内加添衣物且不显臃肿。整体仍是西装造型，但多了垂坠感，不显生硬。隐藏式扣子，让大衣拥有极简轮廓，同时也能扣得紧实，防风功能极佳。外口袋的斜式造型，源于英国人骑马拿东西方便，而斜口袋也能创造线条感。

026

Drake's / 砖红色花环图案羊毛领带

使用hand roll（又称urtipped）收边法，特色为本布与收边布为同一块布，一体成型，质感轻盈。领带的花色活泼，暗橙底色具有稳重感，视觉效果不至于太厚重。此种有花纹的领带建议搭配素面西装，展现层次感，或搭配竖条纹西装，V-Zone发挥点线构图。Drake's全系列领带摩擦系数恰到好处，不需太多整理就能打出领带酒窝。

暖男路线

027

Ring Jacket / 绿色针织猎装外套

纯羊毛的针织猎装，颜色为橄榄绿，设计上带有些许军装元素，但编织的质感弱化了严肃气息，整体颇具户外休闲感。选用成熟但又不至于古板的绿色，即便是寒冷的冬天，仍能塑造活泼感。正面四个口袋收纳功能强大。由于羊毛保暖度好，不必穿上层层上衣才觉得暖，可内搭法兰绒或牛仔衬衫。

028

Sozzi / 棕色条纹羊毛领带

Sozzi以前主要生产男士袜，近来也进军领带市场。平口羊毛针织领带较有休闲意味，因为质地柔软，有些男士会搭配**POLO**衫着用，面相严肃的男士搭配使用可增加亲切感，羊毛的保暖特性也可让穿搭充满浓浓秋冬气息。

狂野悠闲又显正式

029

Carnival / 定制真皮西装

台湾目前比较少见皮衣加西装的做法，嘉裕特别推出的真皮西装选用小羊皮，在柔软中仍显英挺质感。有些款式移植骑士外套元素，例如袖口的金属拉链、肩部的菱形格纹，集优雅与粗犷于一身，在凉意袭人的秋季里穿搭，显得酷劲十足。

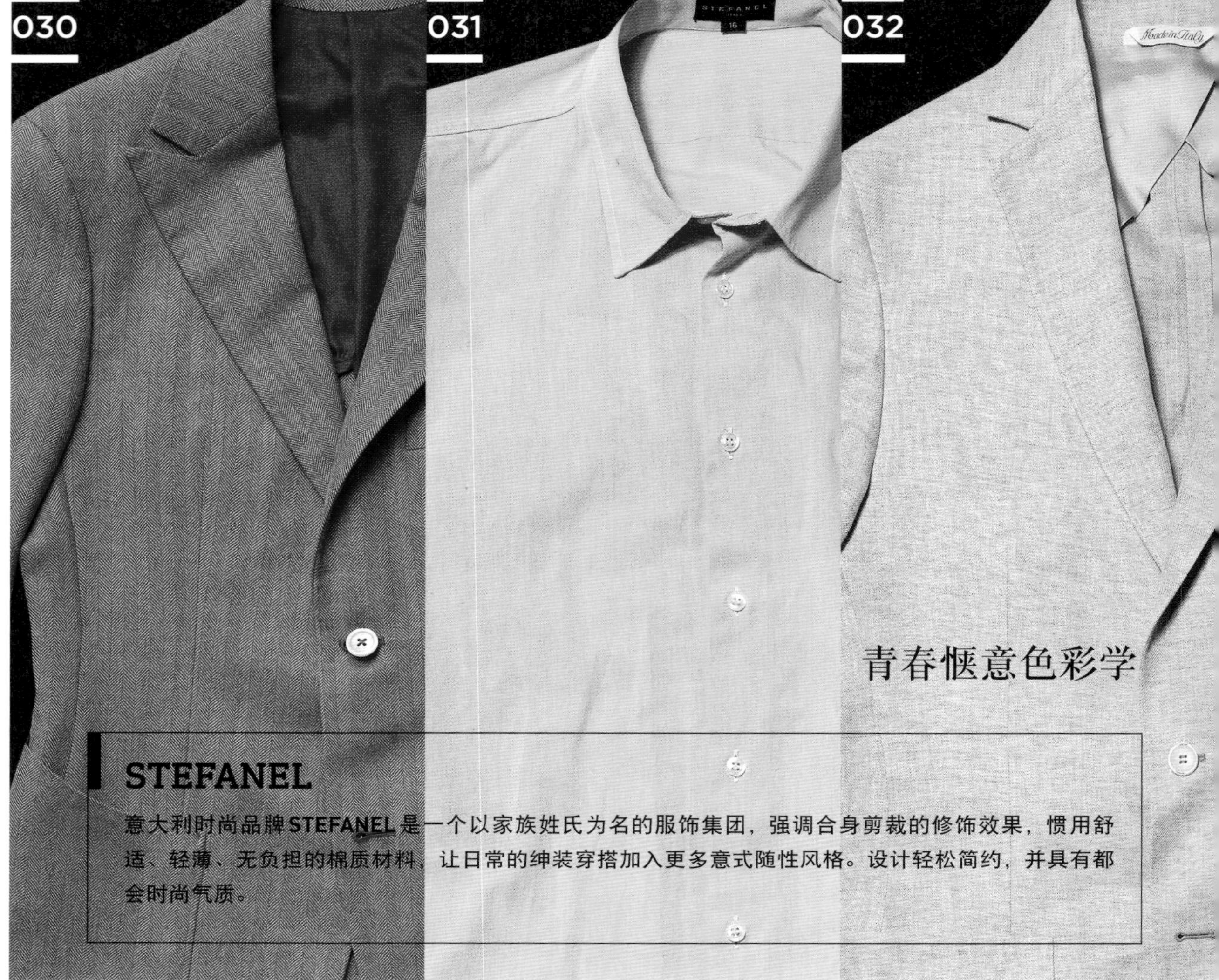

030

高梧集 / 珊瑚红西装上衣

相对于成套西装，单件西装上衣的下摆长度稍短些，颜色会比较鲜艳。因为非成套西装，无须制作裤子，所以也可以使用较松的织法强调休闲感。此件珊瑚红西装上衣，采用丝、毛与麻混纺，搭配粉色贝壳扣。仔细观察，还可以发现其贴带式的口袋弧形十分特别，加入曲线造型，摆脱一般口袋的方正感。以色彩与修身线条，凸显轻绅装的休闲定位。

031

STEFANEL / 小八字领粉色衬衫

粉红色一直是很多男士想要避开的颜色，一是担心太过阴柔，二是不知如何搭配。其实粉红色衬衫给人年轻、时尚的印象，此款粉色衬衫在粉红纯棉布料里加入些许白纱，降低色彩饱和度，看起来更柔和顺眼，还增添了突出层次感的效果。小领的设计休闲意味浓厚，选搭卡其裤、牛仔裤或整套非正式西装，散发闲适感觉。

032

STEFANEL / 卡其色麻质猎装

如果说毛呢猎装是冬天的休闲西装，那么麻质猎装便是夏季休闲西装的代名词。麻具有凉爽透气的特性，半里布的设计更能凸显这一优点。背后开双衩则让绅士单手插裤袋时依然可以维持整体线条平顺，也是近来格外讨喜的设计方式。

内外风情

033

Carnival Generation / 胶原蛋白衬衫

此款胶原蛋白衬衫，是嘉裕西服与台元纺织公司合作生产的成果，此工艺可防止肌肤表面的水分流失。衬衫采用透气轻盈的材质，着衣有海边微风拂过的清新感受，是闷热季节中最佳贴身伙伴。

034

高梧集 / 定制衬衫

定制衬衫使用天然纯棉布料，人字纹织法因受光角度不同呈现特殊光泽。此款衬衫领片偏宽、软，尾端因此勾勒出自然弧度。使用色泽温润的贝壳扣，手工以鸟爪缝钉上并多做数圈环绕，不易掉落。而为让贝壳扣不易破裂，特别加强厚度，每颗排扣约0.45厘米，具有饱满且权威的视觉效果。

035

Carnival Generation / 深蓝色衬衫

乍看之下是深蓝极简素面，定睛细瞧却跳出鲜红的扣眼与纽扣缝线，再翻开门襟和袖口内侧，又有银白点相互映衬，于沉稳冷静之中传达年轻洒脱的不羁。不管搭配猎装还是牛仔裤，都能在休闲气质中加入些许正式感觉。

036

镰仓衬衫 / 大宽领蓝色竖条纹衬衫

欧美流行的大宽领设计，搭配温莎结（厚大型领结）能成功塑造富有权威感的主管形象，非常适合一般商务或政务场合。特别选用意大利布料营造宽松舒适的穿着感，蓝白条纹的样式搭配深色西装或棉、麻材质外套，有利于衬托出英姿勃发的气派。

一针入魂的商务典范

037

镰仓衬衫 / 大宽领牛仔休闲衬衫

隶属于镰仓衬衫的休闲系列，短而利落的板型、具光泽感的牛仔棉布，加上商务风大宽领，使其穿搭范围极广。上班时搭配花纹领带，或假日时不扎入腰带，都能轻轻松松穿出自在型男风。

038

镰仓衬衫 / 手工领带

过腻了一成不变的规律生活？想要在穿着里来点儿叛逆的小变化？这款领带正在回应你内心的呼唤！略微花哨的浅蓝方框打破了固定模式，却还是落在黑色稳重的安全范围内，拿捏得宜的对比冲突，演绎绅士驾驭自如的俏皮魅力。

039

镰仓衬衫 / 大宽领格纹衬衫

白色宽领对比浅蓝格纹，跳脱出衬衫的寻常样貌，又充满知性古典的气息。布料以200高支纱数（yarn，棉布纺织单位，支纱数愈多品质愈佳）细细织就，触感特别柔软舒服。再打上一条素色领带，低调不失品位的优雅形象令人深深着迷。

040

镰仓衬衫 / 手工领带

高贵华丽的丝光感来自百分之百蚕丝材质，手工车缝工艺则创造出柔软质感与立体感。蓝灰条纹表达沉着干练的特质，与任何西装衬衫几乎都可以搭配无碍，可以说是男士们颈间的必备单品，戴上它让你在职场上无往不利。

041

镰仓衬衫 / 宽领法兰绒衬衫

浅棕色的宽领厚棉法兰绒衬衫，在冬日里予人温暖舒适的视觉与触感，仔细观察，可以看到布料上有着点点白纹，利用如此的细节变化让整体色泽不至于沉闷厚重。选搭羊毛质料领带和大地色系猎装，最能完美烘托与之相称的和谐调性。

042

镰仓衬衫 / 手工领带

常常见到日本广告企划人士系上波点领带，在各种创意会议或典礼宴会上展现另类活泼的形象。深蓝底布上耀动着白色大圆点，是令人无法忽视的魅力焦点，此时衬衫样式就不宜太过花哨或亮眼，质朴的浅色是上上之选。

043

镰仓衬衫 / 纽扣领免熨针织衬衫

这是经常出差的商务人士行李中必备的一款衬衫。采用免熨烫的功能性针织棉，洗涤完毕只要晾挂好，即能直接穿着，是便利性至上的行动派绅士的最佳战友。纽扣领与浅蓝竖条纹利落洒脱的气息，赋予旅程满满活力。

044

镰仓衬衫 / 手工领带

镰仓的领带以中等宽度7厘米为主，是为东方人量身打造的尺寸。经典的变形虫图案也点缀出活跃却不失稳重的魅力，配上浅蓝或细条纹衬衫，恰为秋冬添上一抹时尚风采。

镰仓衬衫

“以低价位提供高品质衬衫”，创立于1993年，开立于历史老街“镰仓”的镰仓衬衫，原本只是一家小小的衬衫店。坚持日本本土制造，力求提供高品质的产品。百分之百纯棉、贝壳扣，并使用200~300支的高支数，表现衬衫的绵密与滑顺感，即便衬衫内部的缝线，仍可感受到“一针入魂”的匠人魄力。高品质、价格实惠的产品定位，也让品牌快速得到商务人士的喜爱与支持。

罕见的经典

045

045

UNITED ARROWS / tab collar 衬衫

系带领的衬衫，借助领口的小绊扣固定领带，虽然必须将领结打得稍小些且多了一道步骤，却有助于凸显V形区的动人风采。袖口较挺且采用尖角缺口设计，是向传统设计致敬的样式。UA在春夏、秋冬各会推出基本款，优雅细节值得用心品味。

046

046

UNITED ARROWS / 白色翼形领衬衫、蝴蝶领结、腰封

白色翼形领（wing collar）衬衫很有特色，别具华丽感，例如像展开双翅般领尖往前折的立领、正面熨整出立体细褶、隐藏纽扣的暗门襟等设计。它是出席隆重宴会典礼的代表款衬衫。领结形状类似蝴蝶展翅，需自行打结的是蝙蝠翅膀领结（bat bow），而左图是已经固定好形状的蝶形领结（pianesu tie）。早期上流阶层到剧院都会穿上小礼服，并将戏票塞在腰封内，因此腰封折痕的开口朝上才是正确穿法。

专业人士

047

Errico Formicola / 一字领衬衫

来自意大利西服重镇那不勒斯的 **Errico Formicola**，在衬衫与西装领域占有一席之地。一字领衬衫的领片开阖度大，恰恰可以看出南欧人不喜束缚的豪迈性情。最为质朴的素面白底却又带有刺绣般的蚕丝光泽，也很能反映低调中不忘奢华的意式风情。

048

UNITED ARROWS / 华尔街领衬衫

袖扣（**cuff ring**）在绅士服装中扮演了画龙点睛的角色。法式袖口（**french cuffs**）衬衫的袖口折成双层，是让袖扣得以出场亮相的款式。牧师领常见于白衣领与蓝衬衫的组合，看来更显朝气蓬勃。

049

UNITED ARROWS / 皇家白底蓝条纹衬衫

皇家白底蓝条纹衬衫和银行家条纹（**banker stripe**）西装外套一样，都属于正式商务装扮，是金融人士衣橱里的基本款，最能为其运筹帷幄的专业形象加分。竖条纹具有显瘦效果，上班时系上圆点、斜纹领带或假日时搭配卡其裤皆合宜，是游走于正式与休闲之间的款式。

050

UNITED ARROWS / 领夹

领夹（**collar clip**）、领针（**collar pin**）、领棒（**collar bar**）都是固定领子的用品，能使领部与领结挺立有型，只不过领夹容易入门；领针须以针类刺穿领片；领棒则得搭配针孔领衬衫。近年的《**007**》《了不起的盖茨比》等电影中常见这类配件的运用。

047

048

049

050

Drake's

创立于1977年。创办人Michael Drake（迈克尔·德雷克）的领带设计哲学，便是要让男人可以轻松佩戴，同时成为视觉焦点。别具一格的质感与图案设计，也让该品牌获得英国“女王企业奖”（Queen's Award for Export）及“英国时尚出口金奖”（UK Fashion Export Gold Award）等奖项肯定。电影《王牌特工》中，更可不时瞥见Drake's的领带亮相其中，“英国最大手工领带名家”的地位，可以说是实至名归。

英国名家手工领带

051

Drake's / 棕色条纹克什米尔领带

羊毛材质结合红绿蓝线条交错而成的三色格纹领带。羊毛材质偏厚重，适合打简单的领结，如单结。不过此款省去里布设计，所以可以打再复杂一点的半温莎结，但仍应避免更繁复的温莎结，免得领结在胸口形成厚重团块。羊毛领带予人抗寒印象及实际效果，可考量选搭御寒大衣。

051

052

Drake's / 深蓝色变形虫领带

选用羊毛材质，并采用抢眼的变形虫图案，在人群中很容易成为焦点，打造热情、积极的形象。一般来说，变形虫图案与纯色上衣搭配，但想要打破规则的男士，也可以尝试花哨上衣制造冲突感。花色选择要稍微注意，不要选用同为变形虫图纹搭配，免得太浮夸。

052

053

Drake's / 深蓝色圆点领带

丝绸材质的领带常在偏正式场合使用，采用正式的立体三折收边法，内搭厚里布，搭配西装，人看起来十分挺拔。不过此款以白色小圆点来点缀，为海军蓝素面领带增加趣味，着正装多了一份休闲感；而素面加白点的领带相当常见，属于基本款，大部分男士都能接受。

053

织出夏日惬意

054

高梧集／意大利制丝质针织款领带

高梧集的针织领带有平口与尖头之分，宽度皆为7.5厘米，比起市售的7厘米领带，有更佳的收边比例，显得比较宽大，以衬托男士宽厚的胸膛。此款领带有Z字斜纹与环圈两种织法，前者较宽松，后者偏紧。采用一体成形、自然收边的做法，带有休闲感。素面领带不受图案限制，用途宽广多元。

055
056
057
058
059
060
061
062

Pattern 潮

055

高梧集 / 意大利制手工特色材质领带（Shangtung Silk）

以杂食性的野蚕吐出的丝为原料，去胶过程无法清除彻底，因此比能够完全去胶的桑蚕丝更多了材质上的颗粒感。类似麻的材质，能在正式绅装中加入衣饰的立体感，在夏天系此款领带更可带来视觉厚重形象。领带上的军团式条纹（regimental stripe）隐含了秩序、集体意识，适用于商务场合。

056

意大利制手工特色材质领带 Silk Grenadine

因丝绸有较好的弹性，耐拉扯，却又不似麻布易皱，所以常被用来作为领带材料。Silk Grenadine 采比较宽松的编法，外观类似毛衣，视觉感较厚实。不过，此款领带的编法既呈现扎实样貌，也伴随透光性，经过反复测试，搭配黑色内衬，可打造一条正式场合适用的商务领带。

057

高梧集 / 意大利制手工特色材质领带 Wool

羊毛由于具有强烈毛感，属于季节性用品，多在秋冬使用。此款手工羊毛领带毛感浓厚，除了暖和印象，更多的是类似法兰绒的温柔触感。羊毛领带在打造时，常因弹性稍低，影响外观呈现，此款羊毛领带加入内衬，增加弹性，系领带时更为美观顺手。虽然毛料领带的商务气质偏低，但温润的视觉质感很适合营造温暖、亲切的心理形象。

058

高梧集 / 意大利制手工丝质提花领带

此款丝质领带先在意大利时尚之都米兰印上花色，接着送至英国做水洗、表面平整后处理，最后才又运回意大利，摸起来有独特的滑脆手感。七折式领带以多折形态展现工艺，咬合度高，领结不易松脱。手工缝边，在固定点做刺绣花型，突显对细节的重视。

059

意大利制麻质手工钩边口袋巾

口袋巾最早被当作手帕使用，强调实用功能，后来才慢慢衍生为装饰型物件。麻质口袋巾因麻料材质较显厚，故以 33 厘米 ×33 厘米呈现，建议使用时可以以四方折收至西装口袋。此款白色口袋巾以手工勾勒细腻花纹，放置口袋时露出的花边与西装搭配恰到好处。

060

意大利制丝质提花口袋巾

口袋巾在现代多为装饰功能，放置西装胸前口袋，有画龙点睛的效果。意大利丝质提花口袋巾为 33 厘米 ×33 厘米，花纹非数码印刷或丝网印刷，而是纺织物以经纬线相织而成。该厂牌的提花口袋巾特色在于正反两用，设计时预先全盘考量颜色搭配，双面显色度均佳，令人惊艳。

061

意大利制毛丝混纺印花口袋巾

毛丝混纺既有丝质的轻盈又有毛料的蓬松、固定及保暖优点，适合冬天使用。此款印花口袋巾运用这几年常在服饰中加入的日本浮世绘元素，以网印呈现具体图纹。因图案较花哨，属于进阶款，适合已有口袋巾的男士收藏，使用时注意稍微露出鲜艳的部分即可。

062

意大利制丝质印花口袋巾

此款印花口袋巾只有单面，图案由印制而成，图案与色彩都具有多样变化。收折进口袋时，不同角度、不同收折位置，都可变化不同气质。因印花口袋巾较轻薄，做至 42 厘米 ×42 厘米也不显沉重，可以扭曲或卷折的方式收纳至西装口袋中。坚持手工卷边，成本虽高，但其不同于机器收边般紧绷的自然蓬松感，倒也无法取代。

063

STEFANEL / 红底蓝白条纹领结、纯黑亮面领结

领结（bow tie）一般用以搭配丝瓜领西装礼服，全素面黑色蝶形领结是这种正装穿着的基本配件，举凡出席隆重的晚宴或仪式都少不了它。传说领结起源于17世纪的欧洲战争时期，克罗地亚士兵颈系领巾以固定领口，后被法国上流社会竞相仿效。丝质领结具有高雅质感，在不同光线下有若隐若现的光泽感，为严谨正式的场合增添缤纷亮丽的调性。

064

Carnival / 蓝底白条纹领带、粉紫色几何领带

常见的领带分3英寸（7.62厘米）宽标准版以及2英寸（5.08厘米）宽的窄版领带。宽版领带是基本入门，具有商务稳重的印象，窄领带则较具有时尚感。

市面上常见的斜纹图案领带，可追溯到英国的军团服装，军团中的图案与徽章，都是团体意识的象征，因此这类图案也很适合应用在企业商务场合。几何格纹的图案则感觉较活泼，与深色西装穿搭可有效提高整体明亮感，不同于商务气质，具有更多休闲轻松感觉。

065

Pochette Square / Norman's Motel、Bob Redford

除了丝、棉、麻等基本材质外，近年来欧洲也相当盛行针织款的领带，但也因为材质较厚的关系，建议可打成四手结，领带结与衬衫领的比例为5∶8时最好看，而领带结下捏出的酒窝形状，更是判断一位绅士是否讲究细节的重要地方。

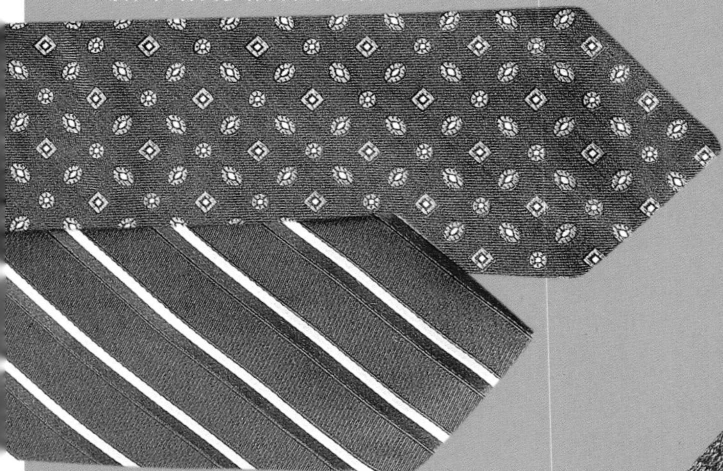

064

065

绅士的
礼宴颈部运动

Two Guys Bow Tie

美国品牌 **Two Guys Bow Tie** 所设计的胸花，皆使用原木与布料手工制作而成，有趣的是，每一件单品都以美国城市名命名，像是纽约、威廉斯堡、剑桥等。该品牌的胸花因为使用木片制作，咖啡色系的色调，在搭配上有着协调与和缓的功用，不会抢走整体焦点。

风格的表态

066

Two Guys Bow Tie /
剑桥、约克、纽黑纹、安那波利斯、威廉斯堡

最初的胸花使用的是鲜花，当代有许多设计师投身胸花的设计与制作，因此选择与搭配也愈来愈多。因为胸花通常会插放在醒目的上装扣眼处，因此入门者在搭配胸花时，颜色可以与口袋巾、领结、领带呼应。有些进阶玩家，也会再加入别针、勋章等配件，让这些装饰变成个人风格与意见的表态，造型上也会更抢眼。

左胸绽放的三千世界

067

Pochette Square / Samba de Mangueira、Le Club des 4 橙

丝、棉、麻、羊毛都是口袋巾常见的材质，而不同的材质也会影响到口袋巾的折法。像棉麻本身比较挺括，适合两角或三角折法，而丝质虽然看起来有质感，但因为比较软，容易下垂，因此可考虑简单的一字折法，或是号称懒人使用法的捏泡芙法。另外，口袋巾的材质选用，也要参考西装外套，若两者的厚度接近会更有平衡感。

068

Pochette Square / Drapeau Blanc、Le Pois de l'Ame 白

白色的口袋巾绝对是新手入门的最佳选择，也是绅士们一定要拥有的基本款。不过若担心素色过于单调，也可以选择添加小花纹，像是圆点、细格纹，让素色口袋巾多一些变化。

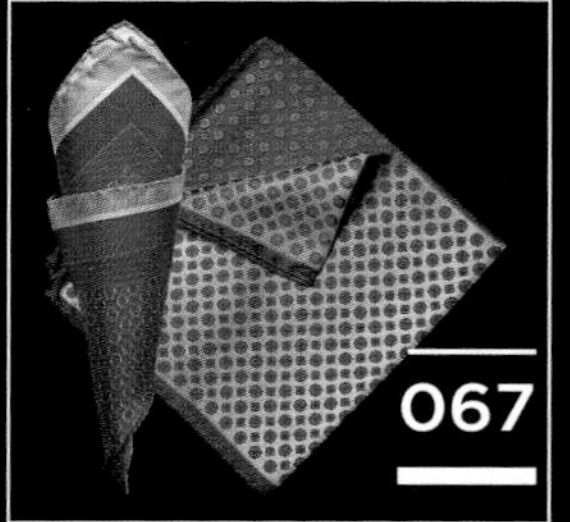

067

068

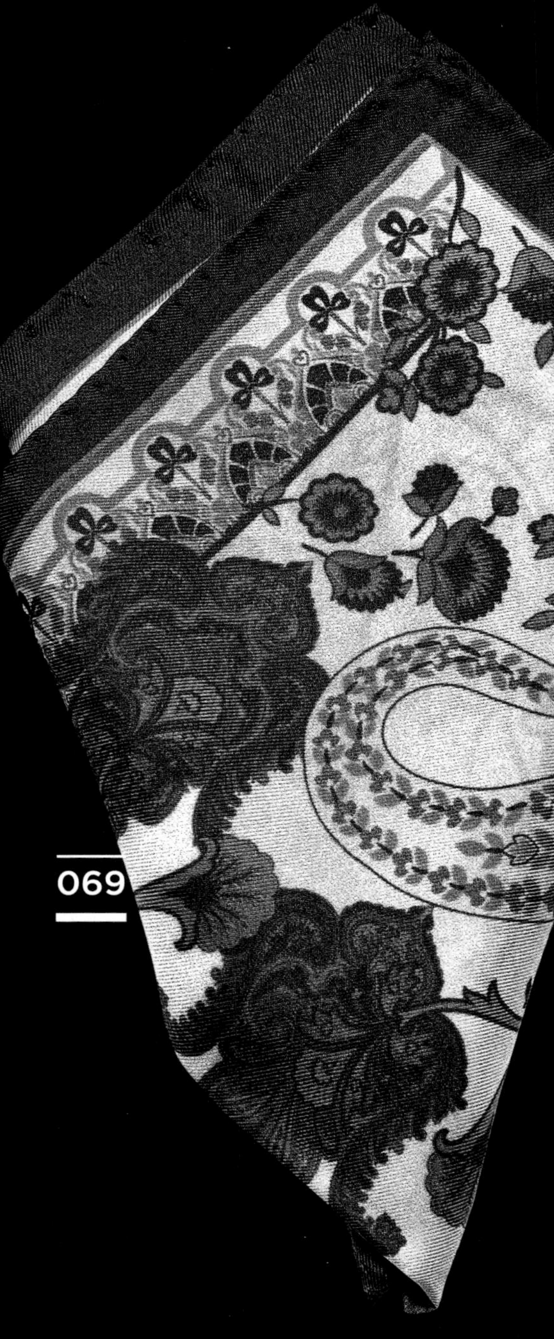

069

069

Pochette Square / Monsieur le Duc - Bleu

想挑战繁复花纹的高手，现在口袋巾的图案与印花设计不会让人失望，撞色、复古图案、艺术画作，绝对可以满足高手的挑战欲，而搭配得高不高明，就得看个人功力了。相较于素色口袋巾适用于正式场合，繁复花纹的口袋巾，则非常推荐在休闲的场合中搭配使用。

Simonnot Godard

1787年成立的法国长青品牌Simonnot Godard，推出的口袋巾以棉质为主，此品牌回归口袋巾的传统，不同于一般的口袋巾只具有装饰效果，该品牌的棉制口袋巾还可以当作手帕使用，方便吸汗、擦拭等。该品牌还刻意放大口袋巾的尺寸，是一个蕴涵复古气质的口袋巾品牌。

070

Simonnot Godard / 纯棉口袋巾

Simonnot Godard使用的棉料更薄、可透光。质地顺滑轻柔，虽然白色口袋巾可以说是基本款配件，但其使用45厘米×45厘米的大尺寸，主打可以擦拭的实用性，不论质地或外观都不同于基本款的白色口袋巾。好物不必花哨，细致的材质才是绅士选物的重点。

071

United Arrows / 口袋巾

历史悠久的佩斯利花纹与明亮活泼的蓝色相结合，与深色西服相搭，可成为胸前的一大亮点。不论是派对场合还是日常穿搭均可使用，适合各种佩戴方式。带有光泽感的布料不仅色泽优美，还具有柔滑手感，使用时可带来舒适感受。

070

071

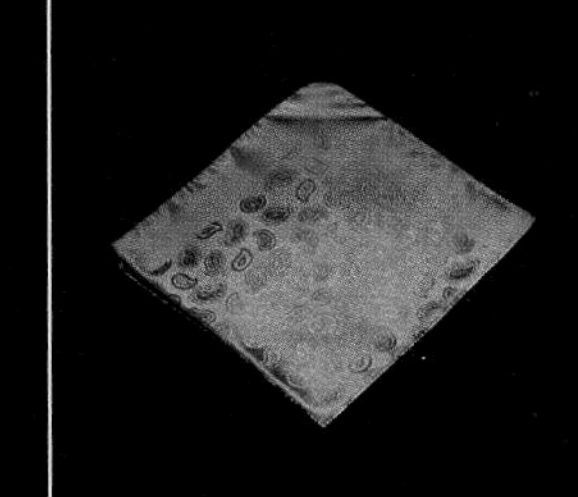

Pocket Square

这个来自法国的品牌，品牌名称直译，就是“放在西装胸前口袋的单品”。强调高品质布料，坚持不使用人造纤维，并采用手工收边。大家也许会好奇，口袋巾有何功用？这就是绅士画龙点睛、藏着魔鬼的小细节啊。一条经过精心挑选、搭配得宜的口袋巾，不仅可以展现自己的品位，更能够为当日装扮达到加分效果！

072

073

塑造颈间风采

072

Antartide / 六号交响曲 绿色

丝质本身会折射出微微的光泽，因此显得比较有质感，但也容易给人成熟的感觉。另外也因为丝质比较轻薄的缘故，适合打单结再收于西装外套之下，可以带出穿搭的层次感。不过，若想尝试将围巾藏在大衣或外套下，记得千万不要选择太厚的材质，否则会让西装变形，而失去利落感。

073

Antartide / 绿野仙踪 格纹

麻质的围巾，除了具有装饰功用，视觉上也可感受材质的层次感。此款丝麻混纺的围巾具有轻薄、透气的特色，拥有精致的柔顺感，也兼具麻料的轻松、亲切印象，很适合平日穿搭或局部点缀休闲气息。此款围巾的花色以浅蓝、绿、白组合，色彩丰富，搭配起来较显活泼。

074

075

074

Antartide / 老绅士 茶色

此款茶色围巾，色彩与图案皆采取古典低调设计，刻意塑造怀旧复古的风味。此种大尺寸的围巾，使用时可以自然地垂挂在脖子上，或披挂在外套外侧，在冬日绅装的穿搭中加入少许色彩。不过这类围法也需要注意围巾长度，若长度过长，容易破坏比例。

075

Antartide / 波斯王子 墨绿

羊毛与丝混纺，质感温润且柔顺。异国风情的图案，入门绅士或许担心难以驾驭。搭配复杂图案围巾的基本方法是选择与服装同色系的围巾。大印花的围巾，其实也可将围巾本身的图案作为搭配的焦点，另外与领带搭配。

LEATHER SHOES

皮鞋

如果说西装是一个男人的门面，那么脚下的那一双皮鞋，则是男人迈向绅士之路的关键。皮鞋的细节相当繁复，从皮料、楦头、颜色到款式，无一不考验绅士的细节品位，认清其中规则之后，就能运用自如，尽情享受穿搭变化的乐趣。

皮鞋的鞋款基本上有几类：牛津鞋（oxford）、德比鞋（derby）、孟克鞋（monk）、乐福鞋（loafer），广义分类可再加上靴子（boots）。鞋子的正式程度依次以三种标准来区分：颜色、装饰和鞋款。从颜色来看，黑色是最不易出错的选择，咖啡色略带一些轻松感，其他颜色就比较不适合正式严谨的商务场合。其次则是装饰，素面（plain toe）、横饰（straight tip）会比U形缝（U tip）、翼纹（wing tip）和雕花（brogue）来得素雅稳重，不过如果是希望带点轻松活泼的正式社交场合，例如婚礼、宴会等，翼纹、雕花也是相当能展现个人风格的饰样。

至于鞋款，从前普遍认为牛津鞋最正式，其次是德比、孟克、乐福，靴子则属于户外工作用途，不过鞋履演变至今，这几类鞋款正式程度的分界已渐渐模糊。举个例子来说，一双鞋面布满雕花的浅色牛津，并不会比一双深色素面的孟克来得正式。视出席需要选择一双得体不失礼的鞋子，不管正式场合或休闲活动都能拿捏得宜，是一位绅士引以为傲的必备素养。

皮鞋各部位名称

Ⓐ 鞋带（lace）
Ⓑ 前鞋面（vamp）
Ⓒ 鞋头（toe）
Ⓓ 沿条（welt）
Ⓔ 鞋底（sole）
Ⓕ 鞋拱（arch）
Ⓖ 鞋跟（heel）
Ⓗ 天皮（quarter rubber）
Ⓘ 鞋后踵（counter）

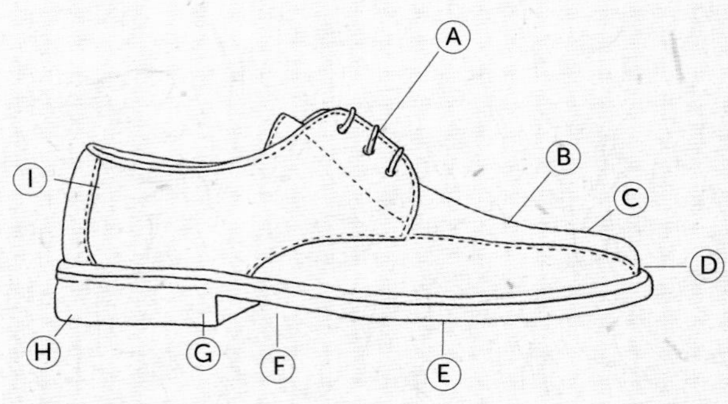

鞋型分类

牛津鞋（oxford）

电影《王牌特工》里有句经典台词："牛津鞋不是雕花鞋。"诚然，能分辨这两者差异之处才是真正的绅士！牛津鞋的最大特征是封闭式襟片（enclosed lacing）的设计，两侧襟片的底端与鞋面相接，系紧鞋带时襟片会密合遮住鞋舌；而雕花只是一种苏格兰孔洞装饰，常见于德比鞋上。

17世纪时，牛津鞋是苏格兰与爱尔兰上流社会钟爱的鞋款，20世纪头10年被牛津大学引入成为学生鞋而得名。常见于鞋面的装饰样式从正式的素面、横饰到花哨的翼纹、雕花，皮面多为较正式的黑色或咖啡色，线条也倾向简约不浮夸，古典外表予人庄重优雅的感觉，在上班或正式场合中是最不易失礼的鞋款，但由于襟片属封闭式设计，在宽度调整上有局限，脚背厚实的男士在选购上需要特别注意。

德比鞋（derby）

德比鞋由牛津鞋演化而来，和牛津鞋同属系带鞋款，而且也常出现同样的装饰形式，差异之处只在于，德比鞋采用开放式襟片（open lacing），两侧襟片的底端与鞋面并无拼合，可以适度调整襟片间距，这样的特色使其穿脱更为灵活方便，也适合脚背宽的男士。传说这是1815年滑铁卢战役中，普鲁士军队为了让士兵迅速备战而改良的设计，其后又演变成狩猎与运动用途的鞋款。

在穿着上，德比鞋较牛津鞋多了一分轻松与舒适，糅合正式与休闲的特性，广受消费者欢迎，因而大为普及。不管是需要穿着正式服装的商务活动，或个人休闲时想搭配帅气的牛仔裤，德比鞋都是能运用自如的百搭鞋款，如果你需要一双入门绅士鞋，它绝对是经济实惠的首选。

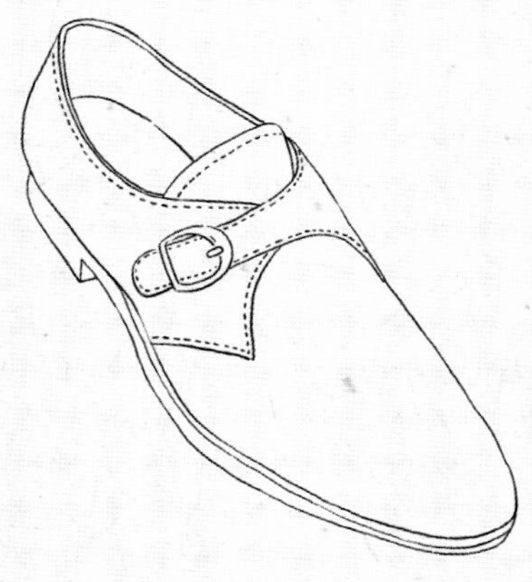

孟克鞋（monk）

孟克鞋是四种基本绅士鞋款中最早发明出来的样式，据说源于15世纪阿尔卑斯修道院的僧侣穿着。它的外观显然和其他三种绅士鞋有很大不同，除了没有鞋带之外，鞋背上会有一到三条横跨的金属扣环皮带，带数愈多带宽愈窄，起初有固定鞋身的功能，到了近代渐渐演变成单纯的装饰。

在音乐史上，孟克鞋曾被当作带有叛逆意味的鞋款，颇受摇滚乐手与朋克乐团的青睐。时至今日，孟克因为鞋身两侧常加装隐藏式松紧嵌片或磁带扣，使得穿脱甚为方便，加上外形给人精明利落的感觉，成为需要快速行动的商务人士的爱鞋，目前在正式场合中也有一席之地。搭配上需注意裤管不能过长，以九分为佳，才能自然表现出这款鞋履的优雅不羁。

靴（boots）

靴原本是迎合户外工作或狩猎休闲等需求而设计的鞋款，鞋身至少覆盖脚背、足踝，依长度区分，可分成高至脚踝的踝靴、高至小腿肚的中筒靴和高至膝上的长筒靴。靴的外观通常较为休闲、粗犷，鞋跟明显，款式亦有多种，源自不同用途，常见款如切尔西靴（chelsea boots）、工作靴（work boots）、沙漠靴（desert boots）、马球靴（chukka boots）、猎装靴（hunting boots）等。

近年来，靴子也渐渐加入西装穿搭之中，以黑色或深色的切尔西靴最为常见。切尔西靴起源于英国维多利亚时代，最大特征为没有鞋带，鞋面两侧有弹性布料，线条优雅利落，在20世纪60年代因披头士乐队喜爱穿着而再度流行起来。另外，沙漠靴和马球靴若以皮革大底取代胶底，帅气之余流露出浓浓的绅士味，也能成为正式着装中的迷人焦点。

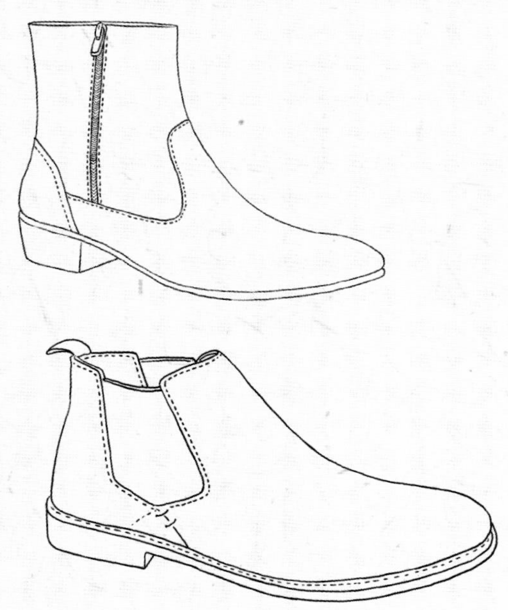

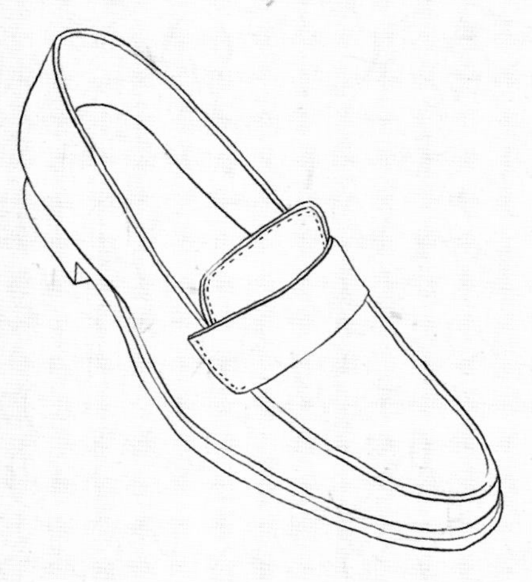

乐福鞋（loafer）

20世纪初期的挪威，从事放牧的人习惯穿着浅口且没有鞋带的鞋子，因为穿脱方便，又被称为“懒人鞋”。起初乐福鞋以莫卡辛缝法（moccasin，也称为U tip）制作而成，缝合皮面而形成的U形缝线成了一大经典特征，后来连德比鞋也常仿效这种手法。

从欧洲流传至新大陆后，乐福鞋逐渐席卷全美，20世纪40年代演变出便士乐福（penny loafer），在鞋背上横跨中央有钱币孔的幅带，和常春藤学院风潮（ivy style）的穿着画上等号。到了20世纪80年代，迈克尔·杰克逊的舞台魅力则将乐福鞋的知名度带至前所未有的高峰。电影《华尔街：金钱永不眠》中，男主角穿的古驰乐福鞋，鞋背上闪闪发光的马衔扣则象征华尔街金童的春风得意。乐福不愧为游走于商务与休闲之间的鞋款，搭配正式西装或衬衫、卡其裤，都能展现轻松而不失稳重的气息。

揭开手缝皮鞋的秘密

作者 彭永翔
摄影 王汉顺、陈志华

锁链缝是什么？布莱克缝法又是什么？台湾最近有一股新的制鞋力量兴起—— stitching sole，他们坚持将手缝元素融入每双鞋。为何坚持手缝？这些缝线的特殊之处又在哪里？让我们走入工艺现场，发现手缝鞋的秘密。

stitching sole 创办人廖振贸认为台湾拥有良好的制鞋技术，台湾制鞋产业可以不只是委托代工，鞋面设计也不该一成不变，应拥有更多选择，因此在 2014 年决定创立品牌。“重新设计鞋面，涉及鞋面打板。鞋面打板其实比缝制皮鞋更为困难，师傅必须拥有丰富经验，否则很难执行。”因为鞋面打板师必须考虑皮革弹性，精密计算各处衔接点，画出面板。此外还需考虑结构力学，避免皮鞋不易穿，甚至双脚无法卡稳容易掉落的情形。最后，皮鞋整体制程如何进行、不同尺寸皮鞋的面板比例及数据也需再计算，考验打板师功力。

为了寻找合作师傅，廖振贸南下找到擅长手缝制鞋的郑晴阳师傅，两人理念一拍即合，于是廖振贸多次拿着设计图，就着郑师傅做的面板一一微调线条弧度，经过一年半，以“皮革堆叠”为设计概念的作品终于完成。

下面就让我们走进工艺现场，跟着廖振贸的脚步，来到皮鞋制作地——郑晴阳师傅位于台南的手工鞋工作室，解析一双手缝绅士皮鞋的精密制作过程。

1 鞋面打板

皮鞋鞋面皆由廖振贸重新设计，并不套用公板。设计图完成后，交由合作的郑师傅进行鞋面打板，计算衔接点、画出面板。之后再将胶带覆于鞋楦之上，将鞋板线条绘于胶带上，最后将胶带撕下，将3D结构转化于平面纸板上，裁切出鞋片。强调精准的郑师傅，不同于一般制鞋师凭感觉确定凿孔间距，而是事先计算各种尺寸皮鞋的凿孔间距，这样缝制时也更有效率。此项技术已取得专利。

1

2 皮料检查

一双皮鞋的品质是否优异，除了结构稳固外，皮革自然是另一重点。廖振贸分享了一个小秘诀：通常在鞣制皮革时，若不易产生压痕，则弹性较佳，实际穿上时，皮鞋也就不易产生皱痕，更加耐穿。

2

3 皮料裁切

确认皮革材质后，则将皮革依照之前鞋面打板时的面板，一一裁切鞋片，以备之后缝制时使用。

3

4 手缝鞋面

本次示范的鞋款，鞋头设计较为繁杂，采取马克缝法。困难之处在于必须先将皮革定型，才能缝制，否则皮革容易产生褶子。

4

5 手缝鞋底

（上图）stitching sole的布莱克缝法，与一般布莱克缝法不同，加入全掌式沿条，让结构更稳固。制作过程主要分为两步，首先缝制鞋面（upper）及中底（insole，沿条即位于中底），因而凿孔位于皮鞋内侧，无法轻易以肉眼看见，师傅必须将蜡线从中层穿过皮鞋内侧凿孔，来回缝制；最后将外侧大底（outsole）缝上时，还需穿过中底及沿条缝制。

（下图）锁链缝相较于一般的外翻缝（stitch down）更为困难，原因在于缝线图纹更为复杂。锁链缝正如其名，缝线如锁链般环环串起，因而缝制上较直线缝线的外翻缝更为困难。

5

6 磨植鞣鞋底

在完成鞋身制作后，最后则需将鞋底边缘削磨平滑。可别小看这道工序，进行时必须固定姿势，掌握力道，否则稍不小心就会损坏皮鞋整体。就算是有一定经验的学徒，一天也只能完成5双左右。

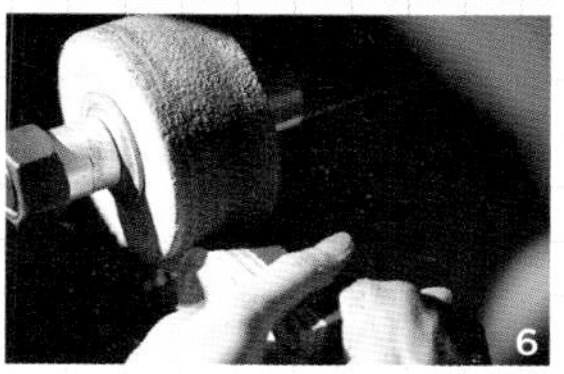
6

ORINGO 林果良品

创立于2006年的ORINGO（林果良品），是一个以“回到鞋工艺的美好年代”为目标，坚持台湾制造、台湾设计的手工皮鞋品牌。台湾曾是皮鞋生产重地，只是随着传统行业逐渐式微，如何重现台湾老匠人们的精巧技术，同时传承这即将流失的文化，是该品牌希望传达的价值。当老匠人的精致工艺遇上复古但又现代的设计，质感、实用、设计并重的“良品”生活实践，就此诞生。

秘而不宣的优雅

076

ORINGO林果良品 / WHOLE-CUT翼纹缝线牛津鞋 深咖啡

全皮面无拼接的鞋款对于皮料的完整度要求最高，亦十分考验手工制鞋技巧，林果特地选用高品质意大利小牛皮，借由老师傅的精湛工艺呈现无与伦比的精美质感。前鞋面的wing tip翼形缝线，在百看不厌的低调奢华中静静散发绅士魅力。

077

ORINGO林果良品/牛津马鞍鞋 Saddle shoes

长达八年盘踞销售排行榜，这款牛津鞋势必有其过人之处。前鞋面和中间鞋背各采用小牛皮与蜡感皮，皮料不同却又相似，由于鞋背处像马鞍横跨而被称为马鞍鞋，互相调和的拼接特色使它正式中带有休闲感，是年经绅士鞋柜里的必备款。

兼容休闲与正式的设计舞曲

078

ORINGO 林果良品 / 3/4 雕花锯齿翼纹牛津鞋 焦糖色

以 3/4 锯齿状裁剪搭配蝶与花图形的雕花饰孔，背后其实隐藏着七层裁片堆叠车缝的精致工艺，呈现化繁为简的细节质感。颜色与设计相当适合出席婚礼、宴会等正式社交场合，让你在斯文得体的外表下流露出轻松活泼的气息。

079

ORINGO 林果良品 / Premium 牛津马鞍鞋

远赴法国皮革厂发源地采购的 Annonay（阿诺奈）小牛皮，毛孔较小、厚度更扎实。以独家涂料渲染出皮面的颜色和层次感，楦头线条展现意式自信姿态，就连鞋跟也以天皮和铜钉雕琢别致质感，这抹优雅的暗夜之蓝，获得年度金点设计奖果然实至名归。

080

ORINGO林果良品 / Premium-牛津马鞍鞋

打破"牛津鞋一定有雕花"的迷思，只以素雅简洁的翼纹线条展现法国百年皮厂Annonay小牛皮的细致美好，正如社会阅历丰富的优雅绅士，已不再需要张扬的形式包装自己。

080

082

081

081

ORINGO林果良品 / 牛津基本款 栗红棕

楦头偏窄，营造修长简洁风的日式职男鞋款，鞋头经典的cap toe（横饰）设计和牛津素朴大方的格调相得益彰，堪称百年不败的基本款，让寻常的工作日多了一分斯文雅痞味。由于鞋襟属封闭缝合，较适合脚瘦的人穿着，搭配上切记避开宽版裤管。

082

ORINGO林果良品 / Side Elastic 商务牛津鞋 经典黑

属于牛津鞋款的变形，利用side elastic（侧边松紧嵌片）的聪明设计，完美结合牛津的高雅质感与乐福的方便穿脱，广受追求行动利落的业务精英所喜爱，选购时以合脚度为最高原则。另外，鞋背饰以锯齿形brogue（雕花）细节，成熟稳重中亦不失品位。

Berluti（贝卢蒂）

创立于1895年，由亚历山德罗·贝卢蒂一手打造的高级定制鞋品牌，如同创办人传奇的人生一般，就这样从意大利迁移到了巴黎，并在世界花都绽放出持续百余年的足下风采。贝卢蒂擅长以艺术的观点，思考定制鞋的可能，历代继承人总是能突破传统，设计出whole cut无缝线、sans gene便鞋等独

穿在脚下的艺术品

083

贝卢蒂 / Alessandro

贝卢蒂的经典Alessandro皮鞋以一块平整无瑕的皮革裁剪而成，鞋面舍弃多余的饰片及缝线，仅搭配简约流利的线条。展现皮革原始的优雅样貌之余，也显现出品牌多年累积的优越制鞋工艺及设计底蕴，完美呈现一双简单却十足优雅的皮鞋。

083

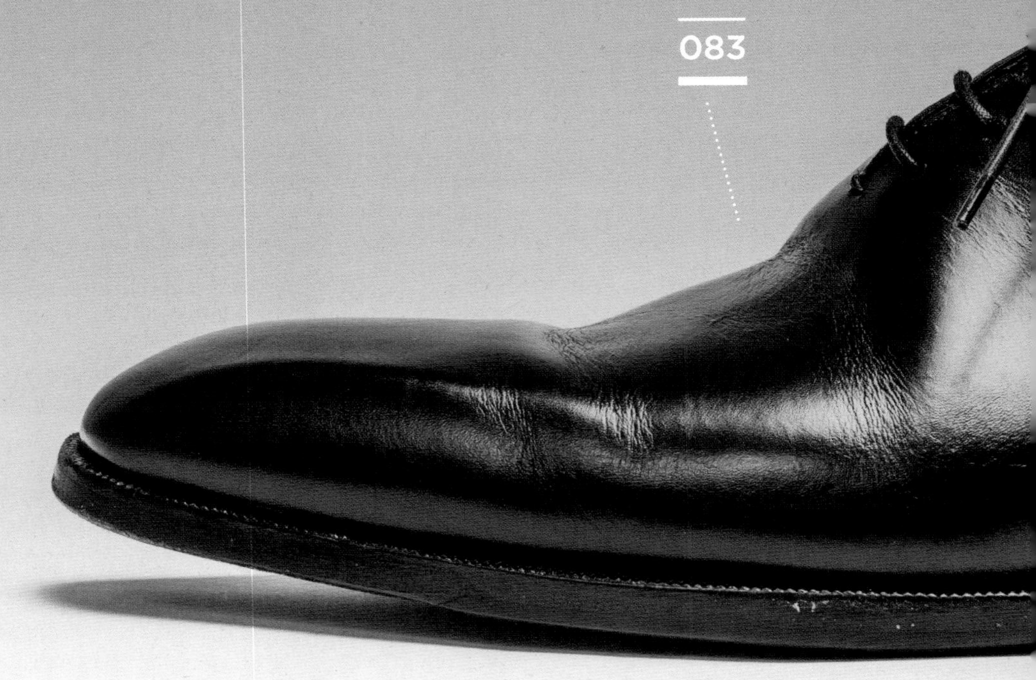

特设计。1962年，贝卢蒂为艺术家安迪·沃霍尔设计的皮鞋，更成为其品牌的经典，至此，贝卢蒂从工艺跨界到艺术的精品形象，开始深入人心。

爱德华 · 格林

创立于1890年，19世纪末开始生产至今，爱德华 · 格林一直是英伦绅士们的经典记忆。每一双爱德华 · 格林皆产自其位于英国北安普敦的工坊，延续百年制鞋工法，打造出结构牢固、穿着舒适以及外观经典的顶级精品。这个超过百年历史的顶级名品，除了秉持优良传统之外，也不忘随时注入创新

融合传统与商务质地的百年经典

084

爱德华 · 格林 / BEAULIEU

皮面勃艮第酒红色泽，饰以迷人缝线的牛津鞋款，不仅适合搭配正式服装，换上深色牛仔裤又马上一派休闲感，穿搭实用指数更上一层。需要注意的是，尖头设计使鞋身在视觉上略显修长，因此身形高瘦的男士会更适合。

084

元素，其中最脍炙人口的，便是成功地将原本属于劳动阶级的棕色，以不同彩度巧妙融入各式优雅鞋款，从此黑色皮鞋不再独领风骚，绅士的装扮也更多彩多姿。另外爱德华·格林首创的“antique finishing”（仿古涂装）染色法，精妙复刻出古朴岁月痕迹，也成为现今世界各大顶级鞋厂纷纷模仿的制作工艺。

085

爱德华·格林 / CHELSEA

贵为“英国鞋王”的爱德华·格林，最经典的鞋款非CHELSEA黑色牛津莫属。从侧面观看鞋头，如同天鹅喙般的优雅弧度被公认为各家品牌之最。穿搭上有修饰身形的效果，即便个头不高的人，穿起来也很好看。相当适合搭配深色系如黑、深灰、深蓝色西装，出席各种正式场合。

085

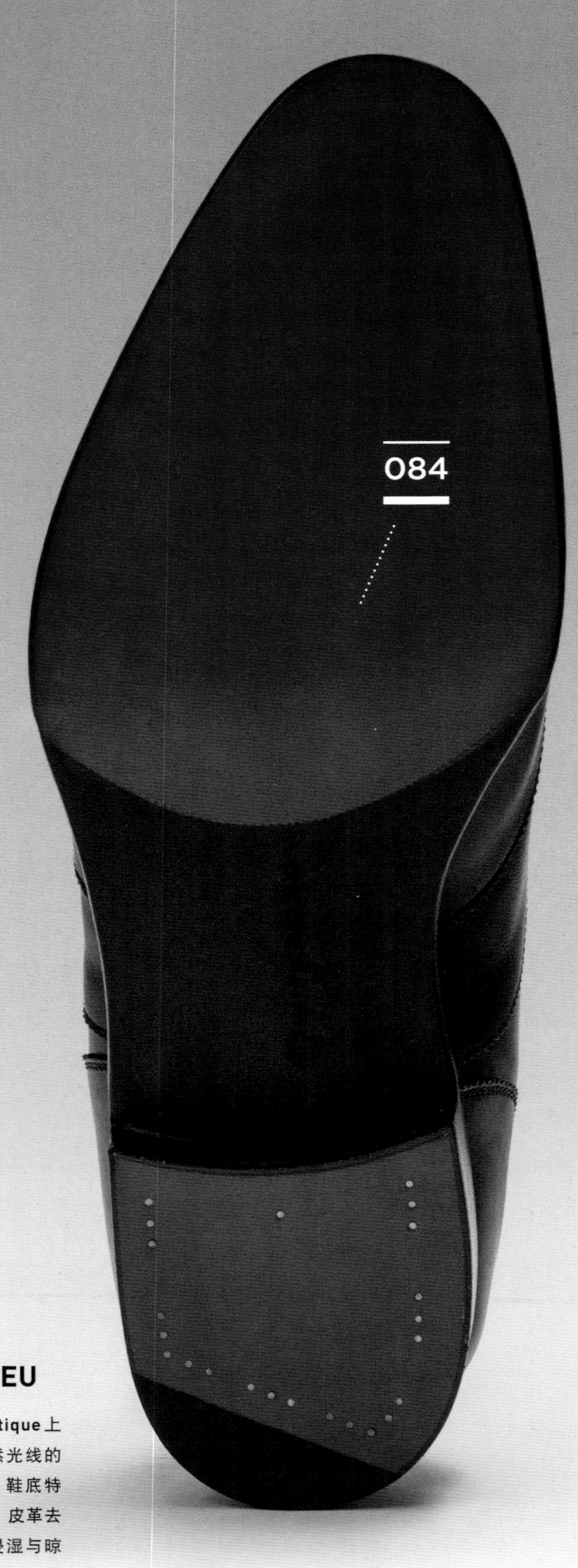

084

爱德华·格林 / BEAULIEU

传统、经典的圆润鞋楦，独特的antique上色方式，让皮鞋颜色随着时间与自然光线的照射变化，形成其独特的使用痕迹。鞋底特别使用橡树鞣制法（oak bark tan），皮革去毛后，将之浸于鞣制桶，每日重复浸湿与晾干。历时四星期，只为上演强韧、透气、变轻、有弹性，以及防臭的皮革魔术。

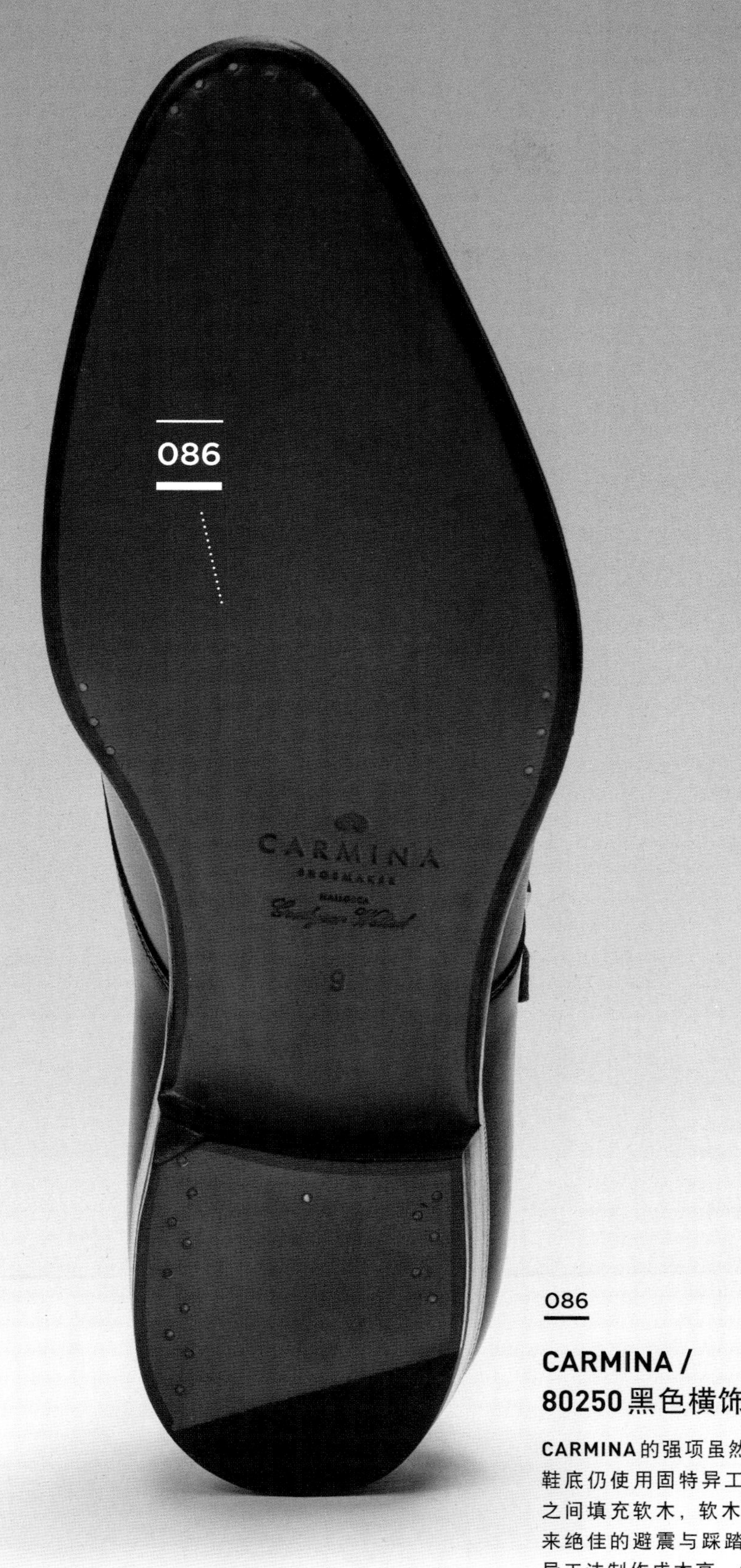

086

CARMINA / 80250黑色横饰双扣孟克鞋

CARMINA的强项虽然是在皮革，但其鞋底仍使用固特异工法，沿条跟鞋底之间填充软木，软木与皮底的结合带来绝佳的避震与踩踏感受。虽然固特异工法制作成本高，但可换底的优点，能够让绅士的爱鞋穿着多年。

CARMINA

作为全球知名制鞋品牌之一，CARMINA长期以来被西班牙王室钦定为御用鞋履制造商，其品质与气度无不引领尊贵的欧洲王室风范。即使面对众多忠实拥趸，CARMINA也始终保持自己一贯优雅内敛的矜持个性。CARMINA的鞋匠们将他们丰富的制鞋经验、时尚灵感和个性化元素融入每一双鞋，精选西班牙和意大利的优质皮革手工制作，无论光泽、厚度、柔韧性都无可挑剔，遵循严格的品质管理，每一张皮革均经过鞋匠的精挑细选和精准剪裁，再融入人体工学细节构思，让每一双鞋兼具时髦与舒适。

正式且潇洒的典范

086

CARMINA / 80250黑色横饰双扣孟克鞋

CARMINA旗下鞋款的流线设计，常令人不自觉联想到西班牙绅士的风流倜傥。黑色赋予这双孟克鞋沉稳的气息，银色扣环展现出简约利落的品位，相当适合上班族、商务人士，搭配深色系西装与九分裤，展现自信出众的一面。

087

闪烁于日常生活中的成熟质感

087

爱德华·格林 / DOVER

常作为品牌代表作出现的经典鞋款，其莫卡辛缝法的设计比例拿捏之恰到好处、精准无比，堪称鞋履工艺极致。咖啡色调的悠闲加上德比鞋款的稳重感，使它不分穿着年龄与场合，从正式服装到深色牛仔裤都可搭配，堪称百搭指数第一。

每日的伙伴

088

UNITED ARROWS / 横纹皮鞋 黑、棕

鞋头出现一道缝线的横饰牛津鞋，是兼具端正外形与优雅气质的款式。鞋身修长、楦头较尖，充分展露商务型男架势。黑色最能表达庄重感，深咖啡色次之，简约大方的造型闪耀着高级皮革的美丽光泽，堪称百年不败鞋款。

089

UNITED ARROWS / 双扣孟克鞋 黑、棕

皮鞋采用透气性佳的皮革大底，出厂前再贴上胶皮，耐磨防滑。孟克鞋一向以其特殊的金属扣造型独领风骚，予人精明干练的印象，深获欧美金融业人士青睐。若觉得系鞋带麻烦，不妨选择孟克鞋款，踏出英姿飒爽的鞋履风情。

090

091

横饰、裙饰、whole cut
——绅士的文法

090

ORINGO林果良品 / 横饰德比鞋 焦糖色

窄版修长鞋型，楦头重现意式小方头的自信敏锐，焦糖色皮料为苯染牛皮，经过特殊加工，色泽更明亮，渲染自信自在的气息，粗缝线cap toe（带状横饰）在几近素面的鞋头上，成为恰到好处的点缀。这是一款斯文中略带粗犷的鞋。

091

ORINGO林果良品 / 裙饰德比鞋 咖啡色

U-Tip（裙饰）运用莫卡辛缝法将皮面缝成U字形，又因缝线类似裙摆边缘而得名，比起plaie toe（平滑鞋面）素雅无装饰的鞋面多了几分变化，是常应用于德比鞋和乐福鞋的手法。U-Tip德比鞋以往被归为休闲鞋范畴，近几年来已渐渐进军正式场合，可以说是不退流行的简朴鞋款代表。

092

ORINGO林果良品 / One Cut布吕歇尔鞋 勃艮第酒红

参考美国历史悠久的老鞋店的传统鞋楦而打造的复古圆楦头，为了强调轻松感，鞋底皮革不经染刷，保留自然原色，是目前该品牌皮革大底鞋款中最具休闲风貌的款式，但做工一点儿也不马虎，whole cut单片皮面的繁杂工序完全彰显深厚制鞋功力。

093

ORINGO林果良品 / X-vamp双孔德比鞋 橘褐色

凸显个性的意式小方头，承袭欧式鞋款的优雅线条，搭配稍亮而少见的橘褐色皮面、双鞋带孔、圆形棉线鞋带与X形视觉绲边的形式，有助于摆脱过于严肃的沉闷气息，于正式场合里展露稍微轻松的一面，别具品位。

用利落衬托基本

094

ORINGO林果良品 /
V-Front弧线雕花德比鞋 蜜棕色

楦头偏窄，营造日式上班族简洁利落的风格，同时于蜜棕色的鞋面上表现襟片倒V形弧线的装饰效果。鞋头点缀蝶与花经典图形的雕花饰孔，鞋底为生胶底仿木纹，可以说是正式风格中略显复古秀气，微妙的层次感让人玩味。

095

ORINGO林果良品 /
Basic基本德比鞋

林果良品胶底鞋中的不败鞋款，开卖至今一路畅销。款式以简朴、耐看为特色，深色蜡感皮穿用时间越久，越能呈现独一无二的色泽，较圆较宽的楦头与鞋身，使穿着感觉轻松舒适，是都市男子尽情展现成熟魅力的实穿百搭款。

能永久搭配的典雅记忆

096

CARMINA / 10082棕色便士乐福鞋

乐福鞋原本只作为室内鞋，演变至今成为最具休闲感的外出鞋款。这双乐福鞋除了保留经典钱币孔造型，还加上莫卡辛缝法增添鞋面变化，而浅咖啡色调使它成为西装夹克、POLO衫与卡其裤的最佳伙伴。选购时尺寸务必合脚，才能轻松展现型男范。

休闲优雅的
春秋单品

097

ORINGO林果良品 / 流苏乐福鞋 海军蓝

流苏（tassel）造型来自18世纪欧洲王室贵族的居家用品装饰，运用在浓浓休闲风的乐福鞋上，更显得雅痞味十足。采用磨绒面皮革，拥有麂皮质感却更结实坚韧。可搭配卡其、深蓝色上衣或短裤，打造夏日时尚型男风。

098

ORINGO林果良品 / 小方头乐福鞋 经典黑

俯瞰这款鞋，可以发现其鲜明的方头造型。修长却不尖锐，让这种款式呈现隽永复古的欧派风味。鞋体同样采取手工缝线，不过在鞋舌部位另加入一片软垫，穿上鞋子后，脚背会因为这层软垫感觉较为舒适，而不至于有紧绷的压迫感。

099

ORINGO林果良品 / 经典双缝线便士乐福鞋 午夜蓝

便士乐福鞋（Penny Loafer）起源于挪威的浅口无带鞋，最大特征是鞋面横跨一条中央开口的皮带，鞋面还加入莫卡辛缝法，以约120度的切角双线接缝，充满雅致气息。从正式西服到休闲卡其裤、牛仔裤甚至短裤，都能搭配得宜，绝对是男士必备的经典百搭款。

097
098
099

正式风格中保有少许叛逆气质

100

ORINGO 林果良品 / 横饰雕孔双扣孟克鞋 焦糖色

林果良品比照欧洲经典传统孟克鞋做法，在银色双金属扣环的点缀下，为鞋身加装隐藏式松紧带，如此一来既省去系鞋带的麻烦，又容易穿脱，兼具正式专业的形象，防滑耐磨的波纹胶大底也增加行走的敏捷度，简直是行动派商务人士的福音。

101

ORINGO林果良品 / 横饰单扣孟克鞋 深咖啡

比起双扣孟克，单扣环的设计多了一分利落气势，而不变的是隐藏式松紧带所带来的便利快捷，从鞋侧观赏亦有相当别致的装饰美感。这一款单扣孟克游走在粗犷与细致、正式与非正式之间，独特迷人的韵味拿捏得恰到好处。

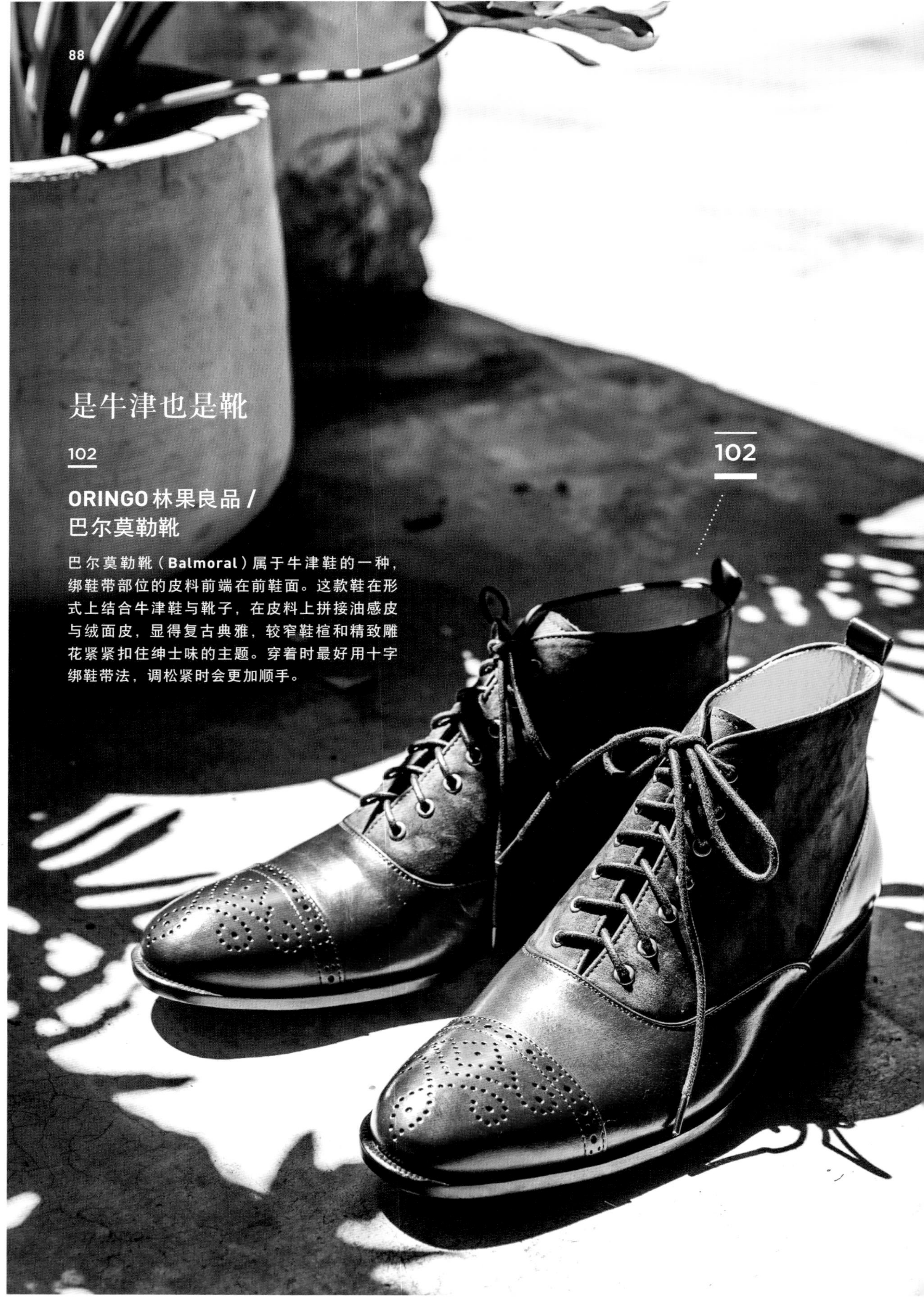

是牛津也是靴

102

ORINGO林果良品 / 巴尔莫勒靴

巴尔莫勒靴（Balmoral）属于牛津鞋的一种，绑鞋带部位的皮料前端在前鞋面。这款鞋在形式上结合牛津鞋与靴子，在皮料上拼接油感皮与绒面皮，显得复古典雅，较窄鞋楦和精致雕花紧紧扣住绅士味的主题。穿着时最好用十字绑鞋带法，调松紧时会更加顺手。

美式粗犷的
秋冬暖意

103

ORINGO 林果良品 / 小牛皮皮底沙漠靴 深咖啡

皮料选用舒适的绒面皮革，并以双孔开襟鞋翼、侧面绲边双排车线来表达简洁的设计理念，踝靴的高度则兼顾穿脱方便与靴子的帅气。特地选用皮革大底取代一般胶底，显现在沙漠靴的粗犷外表下，仍有一颗优雅的绅士心。卡其、牛仔裤等轻松穿着皆能完美搭配。

Alden

Alden鞋业公司于1884年由查尔斯·H.奥尔登创立于美国东岸马萨诸塞州，堪称美国鞋履历史中的一页传奇。创立时间稍晚于工业革命的Alden受惠于全球技术的改革，在生产效率上得以有更多突破，因而逐渐在市场上建立起名声。当时许多鞋业公司都转型选择廉价的大众市场，但Alden反而坚持走高端路线，在一个多世纪的漫长岁月中，Alden不仅以科尔多瓦马臀皮（shell cordovan leather）

潜伏足下的
原始粗犷气味

104

Alden / 1493浅棕色无内里鹿皮踝靴

来自美国的Alden散发出不修边幅的粗犷男人味，Chukka Boot的潇洒洗练深受英国绅士大卫·贝克汉姆喜爱。不管搭配牛仔裤还是卡其裤都能尽显率性风格。鹿皮的柔软度带来穿着上的舒适感，雨天里只要喷上防水喷雾即可，比一般皮鞋更容易保养。

闻名全球，更缔造了不少经典，例如首创的流苏豆豆鞋（tassel moccasin）是常春藤学生的必备鞋款；Alden的工作靴也因为电影《夺宝奇兵》的加持，而有了“印地靴”（Indy boots）的别称；此外，时尚型男大卫·贝克汉姆也对Alden旗下的马球靴（chukka boots）情有独钟。

105

Alden /
403浅棕色Indie油皮短款工作靴

还记得电影《夺宝奇兵》里，哈里森·福特（Harrison Ford）总是身穿卡其猎装、脚套棕色皮靴，帅气奔赴各种冒险场景，从此这款皮靴就冠上了“工作靴”的称号。虽然与正式场合无缘，但绝对是户外休闲、工作的首选，搭配牛仔裤最能彰显那份自然不羁的气息。

105

最优雅的粗犷

106

Berluti / Brunello

Brunello（布鲁内洛）短靴以两种材质拼接而成，光滑剔透的牛皮与散发不羁魅力的鹿皮相结合，造型帅气年轻，却又不失**Berluti**品牌一贯的优雅精神。侧边拉链细节以及内里的设计，除了使行动灵活，也提升穿着上的舒适性，完美体现品牌深厚的制鞋技术及美感。

Pantherella（潘沙瑞拉）

1937年，路易斯·戈尔德施密特（Louis Goldschmidt）在英国创立了这一绅士袜品牌，早期以制造女性裤袜为主，路易斯发现绅士对袜子的细致度要求颇高，于是将生产重点从女袜移转至男袜。袜子经过机器编织后，需要缝合，如果是机器缝，往往无法缝出细腻感，因此路易斯坚持使用人工手缝接缝，降低缝合处的厚度，让脚指头不受到太多压迫，这也成为Pantherella长久以来的坚持。

107

Pantherella / 黑色

黑色长袜是必备款。不喜欢身上色彩太多的人，或是出席商务正式场合，搭配深色系的绅士袜就不会错。与深色西裤搭配同色系的袜子，可以给人沉稳的感觉，不容易失误。

108

Pantherella / 深灰

除了长度，绅士袜的材质也相当重要。如你在鞋店买鞋时合脚，回家后却发现变紧，通常都是袜子没穿对。绅士袜通常强调细致度，因为要与皮鞋贴合，太粗糙会破坏走路的舒适度。此款绅士袜采用埃及棉，耐穿，吸水性强，随着每次洗涤，质感会愈发柔软。

109

Pantherella / 深红

搭配与西裤同色系的袜子具有沉稳的感觉，相反，选用鲜艳的袜子，则会给人轻松活泼的印象。玩味袜子色彩是很有趣的事情，色彩可以传递季节感、心情以及不同气氛。这种局部点缀的微小设计，便是绅士风格的乐趣所在！

Bresciani（布雷夏尼）

成立于1970年的Bresciani是意大利Loro Piana（诺悠翩雅）等多个精品品牌的代工厂。Bresciani袜子均使用细针羊毛或丝，质地精致，因此深获世界各地绅士的喜爱。特别是其图案与色彩非常丰富，具有狂野气质，适合喜爱意式风情的绅士搭配使用。

110

Bresciani / 长筒绅士袜

长筒绅士袜的优点就是不会滑落，穿过一次就能感受到与短袜的不同之处。意大利绅士有全世界公认的不羁，喜欢玩味色彩的特点，由袜子可见一斑。也许有人会好奇，为何绅士不会搭配白色袜子？因为白袜通常是运动袜，厚度与材质都不同于绅士袜。此袜非彼袜，从色彩有时亦能窥见个人秘密。

Sozzi（索齐）

创立于1912年。米兰的Sozzi兄弟将他们的名字与意大利文单词calze（袜子）相结合，推出专营顶级丝袜和棉袜的品牌Sozzi Calze。由于品质优秀，品牌获得许多好评。第二次世界大战之后，合成材质迅速发展，冲击了原本的市场，但该品牌仍坚持使用顶级材料，只为提供最舒适的绅士袜产品。

最轻薄的力量

111

Sozzi / 短袜

Sozzi袜子为纯棉材质，透气性强，即使出汗，脱下袜子仍感觉干爽，摸起来则如丝绸般细致。短袜长度约至小腿肚。黑、深蓝、咖啡为经典色，若想尝试新花样，不妨挑战紫色或蓝色，在正装中展现新颖、独特的配色方式。

112

Sozzi / 长袜

最正统的英式绅士长袜，可以完整包裹小腿肚的长度，或许对亚洲男士来说一时无法接受，穿过之后却会成为回头客，因为袜子不会滑落，极薄的质感，透气舒服，传统风格能不断延续必有其道理。

小腿足曲

113

UNITED ARROWS / 罗纹伸缩袜

袜子可视为西服穿着的延伸，只要能善加运用，绝对更令人折服。这款单品采用罗纹织法（rib，一种伸缩性极大的编织技术），比起一般绅士袜更具弹性，搭配绅士鞋也相当合适，选用亮色系时最好配上乐福鞋，更能在整体装扮中增添雅痞风味。

114

UNITED ARROWS / 高筒袜

一位穿着成套正式西装的绅士，坐下来或跷二郎腿时却露出小腿肉，这在西装装扮中可是相当失礼的行为！多准备几双长度至膝盖下方的高筒袜，就可以不再担心这个问题，在举手投足间保持优雅迷人的仪态。

115

UNITED ARROWS / 人字纹短袜

成对的斜线交互排列，构成这款绅士袜典雅而不失刻板的样貌。袜子与西装同色系，并且比西裤颜色再深些是最佳选择。过度夸张的图案则不适宜正式场合，细节拿捏得当，有助于给人品位良好的感觉。

看不见，不代表不存在

116

ORINGO林果良品 / 格纹绅士袜 靛蓝色

格纹（plaid）设计可上溯至公元前100年，生活于不列颠群岛的凯尔特人使用羊毛织成格纹以区别不同部族，条纹纵横的样式流传至今不衰，成为欧洲经典服饰元素。林果良品的格纹绅士袜在棉质中混有弹性纱，触感柔软又吸湿，是注重舒适与品位的首选配件。

117

ORINGO林果良品 / 条纹绅士袜 湛蓝色

袜子虽然不是主角，但是只要设计独到，一样能够引人注目。条纹绅士袜不同粗细的线条，适时回应内心希望生活来点小变化的渴求，日系色调则温和传达色彩本身的轻盈魅力。不妨从今天开始，在每日的正式服装中，为自己增添一些愉悦有趣的想象。

118

ORINGO林果良品 / 波卡圆点绅士袜 深咖啡

充满休闲气氛的波卡圆点，早在19世纪后期即风靡英国，至今无论绅士或淑女、青年或熟龄，都抗拒不了圆点魅力。活泼色彩和俏皮波点，在高密度针织的棉质混弹性纱上展开，长时间穿着与水洗也不易松松垮垮，让圆点迷们惬意重现复古风尚。

119

ORINGO林果良品 / 人字纹绅士袜 黑灰色

看似简洁朴素的布面，仔细一瞧就会发现个中奥妙，人字纹组成的连续V字形，像鱼骨架也像杉树纹，交叠出平实耐看的图案。使用立体织花与手动排纱技术，让双脚接触时感觉格外柔软，从样式到穿着感受都令人爱不释手。

120

ORINGO林果良品 / Spandex基本罗纹绅士袜礼盒（玩色版）

黑、灰、藏蓝、抹茶、酒红，五种色系为周一至周五简单穿出上班好心情，立体凹凸织法的罗纹设计彰显层次变化，弹性纤维包覆纱伸缩性极佳，摆脱束缚感。不管传统配色或是大胆跳色，闭着眼睛随便选一双都能立即提升时髦绅士气息！

点亮皮鞋灵魂

121

ORINGO林果良品 / ORINGO & iclea × bag绅士皮件保养旅行套装

保养鞋履是一种绅士态度，只需一只手袋，就能随时随地保养自己的爱鞋。林果与iclea × bag开发皮件保养旅行套装，自然简朴的手袋外形正符合悠闲放松的度假感，内有皮革滋养乳、亮光蜡、黑/白马鬃毛榉木鞋刷、纯棉擦拭布。从擦鞋保养开始，细细品味绅士风范。

121

122

122

ORINGO林果良品 / 金属拉环雪松木鞋撑组

雨天里，皮鞋容易因吸附湿气导致变形走样。林果开发的第三代雪松木鞋撑，具有调节温度、湿气的作用，金属伸缩双轴能弹性贴合不同鞋型与尺寸，达到完美支撑。油脂释放的清新淡雅木香有驱虫效果，可以说是聪明绅士必备的好帮手，可让爱鞋永葆如新。

Brift H

创始人长谷川裕也（Yuya Hasegawa）先生2008年创立于东京品川站街头。长谷川先生从擦鞋学徒做起，一路辛苦研究擦鞋之道，之后开了全日本第一家擦鞋吧Brift H，专门从事擦鞋、养鞋的服务，长谷川先生现为全日本擦鞋界的第一人，名声响誉国际，曾获CNN（美国有线电视新闻网）、《金融时报》报道，Brift H除了提供擦鞋服务之外，更和保养品制造公司合作，开发皮鞋专用清洁液、鞋乳、马毛刷等，全天然的配方，让皮鞋保养更健康、使用寿命更长久。

123

Brift H / Polishing Brush

鞋刷分长短毛两种；长马毛刷用来清刷灰尘，短马毛刷韧性更强，蘸取鞋油刷上皮鞋，可让鞋油真正渗入皮革毛孔。此款鞋刷使用马的颈部毛，强韧度恰到好处，不会因为刷毛太软导致软塌。底部为桦木座，因桦木自带重量，可增加涂抹时的反作用力，使用更顺手。

擦鞋是一门专业

124

Brift H / The Cream Burgundy

透明的鞋油可增加皮鞋韧性，但无补色效果，建议选用对应鞋子颜色的鞋油擦拭。Brift H鞋油由水、动物及植物油融合而成，因为添加少许水分，皮革滋润度好。若遇到雨天，可先让皮鞋自然干燥，并于清洁后刷上鞋油。此款鞋油适用于酒红色皮鞋，定期保养，有助鞋履常保光泽。

Iris Hantverk

创立于19世纪初，来自瑞典的刷具品牌Iris Hantverk推出了各种造型、不同用途的刷具。该品牌最为人津津乐道的地方在于，雇用深谙传统工艺的视障工匠，通过他们的敏锐的触觉，打造出触感极佳且实用的多样刷具，其商品造型颇具北欧的简单风格。而该企业的社会责任感，更让人交口称赞。

125

125

Iris Hantverk / Shoe Care Box · 鞋靴保养套组

百年刷具品牌Iris Hantverk推出的鞋靴保养套装，内含百年美国品牌鞋油、拭布，及握感极佳、毛质细柔、不伤皮革的鞋刷和毛刷。在节奏快速的现代社会，拉张椅子坐下，怀抱惜物之情对待鞋靴，细心的态度肯定让人刮目相看。

GENTRY HAT

绅士帽

绅士帽的历史，可以追溯到英国。在英国，帽子一直是重要的造型配件。一方面是因为英国湿冷多雨的天气，其次，帽子的造型与样式，某种程度上也是身份与地位的象征。帽子的款式，随着时代演进有不同的流行风尚。18世纪便已经很流行有饰带的三角帽，这种帽子是从军用帽发展来的，所以我们也常可以看见有些三角帽上有帽徽、金属扣、帽穗等模仿军服的小装饰。后来转而流行的是大而夸张的大礼帽。在重要的场合，总是可以看见许多做工精细、用料高级的礼帽，例如在最具代表性的“皇家马会”（Royal Ascot）上便可以看到许多贵族名流，头戴各种华丽礼帽出席。许多人甚至会特意前往礼帽定制店，定制专属于自己的大礼帽。这种礼帽一般日常不会戴，大多都放在家里或是包进防尘袋中珍藏，只有在赛马会的时候才拿出来使用。

此外，电影也是绅士帽得以普遍流行的一大助力。目前大家最熟悉的fedora（费多拉帽）大约出现于1857年，由于设计出色好戴，到了20世纪30年代，几乎已成为意大利街头小混混们的必备单品。到了20世纪70年代，大量的黑帮电影则让fedora的绅士帽印象深植人心。好莱坞电影塑造的黑帮男子汉造型让绅士帽的魅力扩散至全球，现在已成为复古绅士的经典形象。

类型分类

宽檐帽（fedora）

宽大的帽檐，凹凸有致的帽冠，是绅士帽中最基本也最普及的类型。fedora的发明过程非常有趣，是在1857年，由意大利制帽品牌Borsaino发明并取得专利。品牌创办人有次看到一顶圆顶礼帽被挤压产生一个凹痕，因此得到灵感：在帽冠上以及帽缘前方加入折痕与两个凹槽，使用者便可以帅气地取下帽子。fedora因此大受欢迎。虽然帽冠有凹折，但那是熨烫出来的造型，特别要注意，绅士帽绝对不可以折，也不需要水洗，只要经过外力折压，就很容易变形，再也回不去了。

短檐帽（trilby）

类似fedora，但帽檐较短的设计被称为trilby。如果说宽檐的fedora具有成熟潇洒的气质，trilby的感觉则相对比较利落，短帽檐的设计也显得更为时尚。除了帽檐的宽窄不同，trilby的后方还有微微的翘起，呈现出前帽檐平坦，后帽檐微翘的状态，不像fedora通常前后方帽檐皆呈平坦状。trilby的帽冠上方也有凹折，但程度比较轻，呼应了短帽檐利落低调的设计。

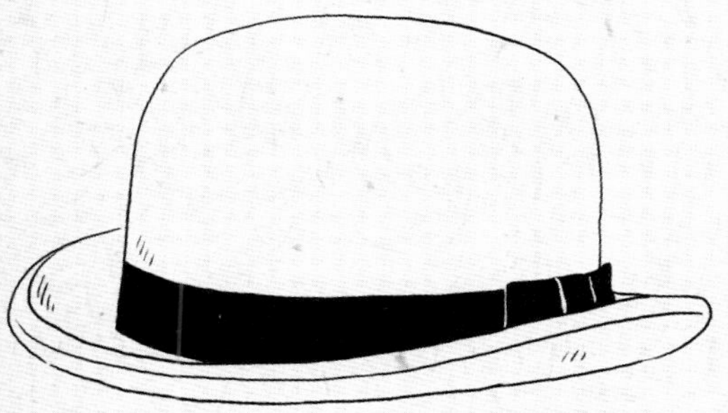

圆顶硬礼帽（derby）

圆滚滚的derby具有可爱俏皮感，也是喜剧泰斗卓别林最爱的帽款。derby非常容易辨识，它的质感通常比较硬挺，圆顶、短帽檐的设计相对于fedora与trilby区别很大。derby原本是英国赛马会上戴的帽子，也是一种小礼帽，除了绅士，也很适合女士戴。不过有趣的是，这种帽子在英国也被称为bowler hat，derby反而变成美式的说法。不论称呼为何，今日derby也已成为经典但又具有现代感的穿搭配件。

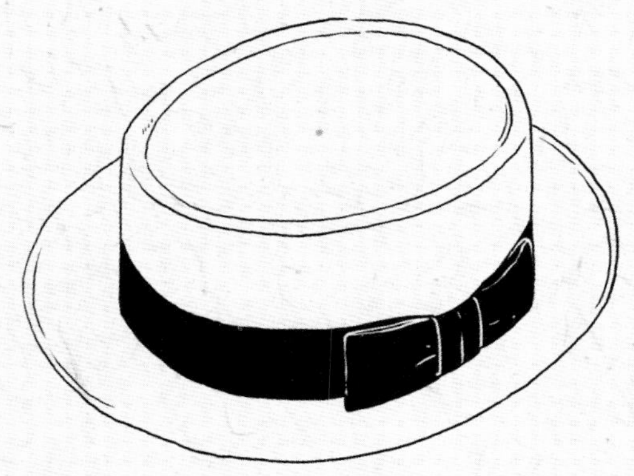

平顶帽（pork pie hat）

因为它的外形看起来很像猪肉派（pork pie），这款平顶帽也被冠以"猪肉派帽"的名称。猪肉派帽的特色就是它的帽冠高度很低，而且顶部是平的。但从上往下俯瞰，可以发现帽顶部的外围还是有一圈凹陷，中央隆起的部分，有些是圆，有些是平，但通常不会高于整个边缘，因此整体帽冠还是平整的。有些pork pie的帽缘也会上翻，加入一点俏皮的设计感，整体而言具有雅痞、文青的独特气质。

编织帽（straw hat）

编织帽就是一种使用草叶制成的帽子，一般也泛称为草帽。编织帽轻巧透气，在炙热的夏天非常适合。编织帽通常会以材料命名，巴拿马草帽、椰子叶草帽都是常见的类型。也因此，编织帽很容易被误称为巴拿马帽，实际上巴拿马指的是材质，并不是所有编织帽都使用巴拿马草叶。

H.W.DOG&CO.

来自日本的H.W.DOG & CO.缅怀旧时光的手工情怀，推出多款19世纪60年代至20世纪30年代的手工帽，此外也有20世纪40—60年代的报童帽以及传统绅士帽。产品均为日本手工制成，造型虽然复古，但却也显得时尚优雅。H.W.DOG & CO.的商品，都会附带一张20世纪初的纸标，模仿欧美复古车票的

126

127

一隅潇洒风景

126

H.W.DOG & CO. / FRONT7.5 FOLD-SERBIA · 可折叠绅士帽

塞尔维亚羊毛手工制造的绅士帽，冬天戴保暖舒适。由于材质柔软，只要避免长时间挤压，出门放行李箱也不占空间，平日则可卷折于包包内，下班戴上化身摩登潮男。帽檐偏宽，可搭配多层次穿着而不显得头轻脚重。无接缝裁剪，内侧设防滑带，遇到风大时可调整帽围再优雅上路。

127

H.W.DOG & CO. / Hat box · 手工帽盒

收藏帽子最好不要重叠放置，时间久了容易变形，建议用帽盒收纳为佳。日本制帽品牌H.W.DOG & CO.以复古机具手工制作，帽盒没有过多点缀，带有浓浓怀旧风，搭配拉绳可悬挂于屋内，便于保持形状。散发时代感的帽盒并排陈列，让人犹如走进口味独树一帜的艺廊展间。

样式，此纸标会被钉在帽檐。有趣的是，有些消费者不会把纸标拆下来，而是会刻意保留纸标，作为局部装饰，同时也是一种识别品牌的方法。

128

复古经典的当代诠释

128

H.W.DOG & CO. / POINT 6.5 · 经典 fedora

如果是首度购买绅士帽的男性，建议选择深色、经典绅士帽款，接着再慢慢挑战杏色、白色等浅色系列。此款经典fedora绅士帽饰有缎帽带，展现绅士优雅气质，包边处理提升帽子的硬挺度，共有黑、绿、灰三款配色。

帽檐修饰
利落脸形

129

H.W.DOG & CO. / PINCH4 · 短帽檐绅士帽

此款短檐绅士帽，顶部采用泪滴形设计，有黑色与深灰两种颜色，不论着正装或休闲服饰都很适合。短帽檐较适合小脸男士使用，挑选时需注意帽子与个人头部的比例关系。侧边帽带可让绅士帽更富于变化，有些欧美潮人更会饰以钞票、羽毛、帽针等小配件，表现强烈个人风格。

130

H.W.DOG & CO. / W PANAMA · 巴拿马草手工编织绅士帽

巴拿马叶为草帽中最上乘的一种材质，由于其质感较粗，可以让帽形显得挺拔，与一般纸草编帽相比，巴拿马叶带有些许油亮光泽。相对于传统绅士帽，草帽传达了一种休闲、自然的个性，与夏日穿着十分相配。但因为其仍具有绅士帽造型，即便搭配简单T恤与短裤，仍能在休闲穿搭中点缀局部绅装风格。

绅士的顶上造型解析

131

New York Hat / The Gent

经典帽款"gent"，帽顶略微低陷、帽筒3.5英寸（约9厘米）高、帽檐2.25英寸（约5.7厘米）宽，中文名为林肯帽，顾名思义，就是美国总统林肯最爱的款式。林肯帽的样式很像平顶礼帽，但从侧面可发现其具有腰身，不同于平底礼帽的笔直，有腰身的林肯帽造型与比例更加优雅。

132

New York Hat / Felt Pork Pie

顾名思义，"pork pie"是指帽顶的圆盘形凹陷酷似肉饼，帽檐极短而反折，附宽版罗缎帽带闪耀高雅光泽。最初为男士便帽，后来也被纳入女装时尚之中。这款帽子与合身短版西装是绝配，或者搭配休闲衬衫、西装背心、牛仔裤加腰链，可以发扬现代风格。

133

Studio Tom's / 经典羊毛毡 fedora

此款fedora乍看之下与传统帽形没有太大差别，不过仔细观察，会发现其使用了毛呢材质，让帽檐线条显得更为自然。不同于一般fedora的硬挺感，羊毛毡版本的外观强调线条的随性美，毛料温热的视觉感也使它成为秋冬休闲型外套大衣的首选搭配。

134

New York Hat / Rude Boy

"rude boy"风格最初源自牙买加工人阶级，影响英国20世纪六七十年代街头青少年的穿衣流行，后来逐渐发展成小礼帽、窄版西装、细长领带和皮靴等旗帜鲜明的特色。这顶帽中央单折、帽檐反卷，充分表达亚文化时尚不屑装腔作势、拓落不羁的街头作风。

叛逆的绅士

135

New York Hat / Vintage leather fedora

fedora的最大特色是帽顶中央呈纵向凹陷，且帽檐两侧向上卷起，是绅士帽中最基本也最经典的款式。此款fedora材质十分特别，使用美国本土的厚质水牛皮，外形硬挺，表层加入白兰地色调的刷旧处理，每一顶都焕发独一无二的复古色泽，拥有百看不腻的特质。

136

New York Hat / stingy fedora

同样属于fedora帽型，共有棕、灰、黑三种颜色，帽檐缩短后，整体显得更简洁利落，比例也较适合亚洲人的五官身型，可营造短小但干练的感觉。因为整体设计简约，设计感不张扬，此款stingy fedora的百搭指数也相当高，无论正式着装、休闲POLO衫或潮流穿搭都很适合，难怪会成为爱尔兰型男科林·法瑞尔的心头好。

137

复古绅士的顶上奖杯

137

New York Hat / Mad Hatter Top Hat

top hat（大礼帽）早期在英国属于上流阶层的礼帽，本款帽冠6.5英寸（16.51厘米），呈高耸状，帽檐在两侧翻卷出来的流线弧度，重现19世纪英国绅士们参加赛马会必戴的礼帽气派。品名“Mad Hatter”让人瞬间联想到《爱丽丝梦游仙境》中的疯帽匠，俏皮地开了古典形象一个玩笑。

138

Edo Hat / 平顶礼帽 黑

帽冠仿效top hat的平顶设计，帽檐却取自pork pie的翻折元素，可看出日本制帽老铺Edo Hat积极糅合传统与创新的用意。如果您是绅士帽的入门者，却怎么试戴都抓不到那份优雅神韵，不妨选择更合乎东方人身材比例的日系品牌，也许感觉马上就对了！

139

140

延续黑帮与街头硬汉作风

139

New York Hat / The Gangster

"gangster"帽款经常出现在诸如《教父》《铁面无私》等美国黑帮电影中，是帮派分子最常戴的款式。帽顶还特地做出"tear drop"泪滴形凹陷，帽缘压低予人神秘莫测的感觉，就连迈克尔·杰克逊也爱不释手，靠它打造流行音乐天王的帅气造型。

140

New York Hat / Soft Felt Rider

帽檐宽达3.5英寸（8.89厘米），以皮绳取代缎带，尽显美国19世纪60年代内战时期风格，可说是牛仔帽和绅士帽的完美合体，不管是搭配领巾或bolo ties（牛仔造型常用的保罗领带）都非常对味。lite felt（记忆羊毛）防变形、防泼水的材质也使这款单品的适用范围大大增加。

141

雅痞最爱

141

Studio Tom's / 特别色泪滴绅士帽

俯视时呈现泪滴形冠顶的绅士帽已经成为经典，为打破传统，Studio Tom's从色彩进行变革，它在帽带和帽檐包边上大胆采用活泼亮眼的色彩，为经典的帽形赋予了气质别具的色彩。这样的冲突很受日本艺人与雅痞的喜爱，造型古典但现代感强烈，简单搭配T恤与西装外套，便可以散发时尚感，衣着中如有与帽款呼应的色调更是绝对加分。

142

142

New York Hat / 巴拿马草帽

巴拿马草帽同样具有fedora的帽形，但特点在于使用中南美洲特产的棕榈植物巴拿马嫩叶手工编织而成，若不细看甚至无法察觉其纹理，足见做工之精致。这款单品不但透气性极佳也很容易穿搭，皮鞋、牛仔裤、休闲西装都可以搭配，在炎炎夏日中突显出众风采。

绅士
旅行必备

143

143

New York Hat / Coconut Be-Bop, Coconut Fedora, Coconut Derby

三款皆以轻巧透气的椰子叶编制而成，加缝多圈车缝线强化纤维支撑力，长期使用不易变形松脱，格外富层次感。外观比巴拿马草帽更具休闲风情，适合搭配T恤、短裤等轻松装扮。虽然皆为编织草帽，但又可变化不同帽型，共有帽顶中央凹陷的pork pie、呈三凹形状的fedora以及圆顶礼帽derby等三种款式任君选择。

加入些许英伦气质

144

Studio Tom's / 大平顶编织帽

此款编织帽，属于boater（平顶硬草帽）类型，帽冠较浅、帽檐平伸且系上缎带，原本是19世纪英国人划船时戴的便帽，后来被广泛运用于非正式场合。这款帽子以百分之百麻纤维制成，具有凉爽舒适的穿戴感，只要戴上它马上能成为休闲时髦的视觉亮点，与T恤或牛仔裤都很合拍。

145

New York Hat / Laurel Derby

因首创赛马竞技的英国Derby伯爵常在骑马时戴这款礼帽，世人便以伯爵之名Derby称呼这种小巧圆顶礼帽。此款derby使用硬质毛呢，具有半球形帽顶与向上翻卷的窄帽檐。近代名人中戴derby最为鲜明的形象首推喜剧大师卓别林与英国20世纪60年代传奇超模崔姬（Twiggy），也因为名人的加持，derby一直是辨识度很高的一种经典帽型，圆弧的外形也很适合搭配俏丽可爱的女性风格。

146

Studio Tom's / 编织平顶草帽

冠顶有点类似pork pie hat的圆形凹陷，使用混纺合成纤维，编织细致程度极高，足见日本制造的工艺水准。配上双层黑色蝴蝶结缎带，让帽子呈现反差极大的黑白对比。利落的对比色让整体穿搭更具有现代时尚的氛围。绅士帽毕竟是西方世界的产物，想要与欧美的经典品牌竞争，便只能在材质、设计与配色等细节，加入更多心思。在传统外貌中加入新意，让古典帽款也能洋溢现代气息，这是日本品牌的魅力所在。

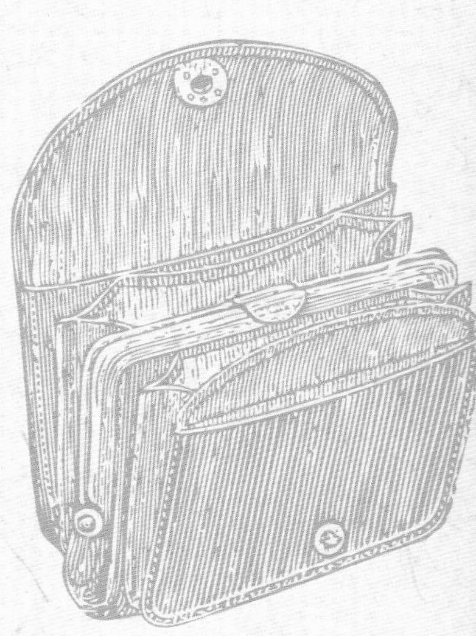

BAG

皮包

有人说，男人的鞋与包，最能看出他的品位。只是，“品位”是个抽象且浮动的概念，人的生活充满了不同的情境与气氛，如果品位的实践可以更切合我们原有的生活样貌，风格的应用也会显得更为从容。或许我们可以把物件的搭配与选用，想象为符号学的应用：华尔街商务精英们手上提的公文包象征其商务与专业定位；科技园区工程师或背或提的托特包，也反映了其自由且有弹性的思考模式。皮包的搭配与使用，传递了使用者的性格；皮包的风格与质感，则可让人推敲你的品位是念旧或追求潮流，是低调或华丽。

皮包的选用需考量你的服装。搭配西装时，背包或挎包很容易挤压布料，造成肩线移位，原本利落英挺的模样，瞬间崩坏且显得狼狈。因此，关于绅装的包款使用，一般建议采用手提。而惜物与爱物的心态，更是绅士必备的基本习惯。品质优良的皮包，只要维持良好的使用习惯且定期保养，通过使用时间的累积，将能清楚感受到皮革颜色或软硬程度产生的变化。好的皮革会愈用愈有特色，进而成为一个专属于你、独一无二的皮包。懂得选择好的皮质，适当使用，接着只要让时间说话，皮包自然会形成自身质感，一位令人向往的绅士就此养成。

Briefcase
Boston bag
Tote

皮包分类

公文包

工欲善其事，必先利其器。若你从事的工作具有浓郁的商务性质，一个好的公文包便能让你表现出成熟、专业的利落气质。不要再对公文包抱着过去硬壳老派的印象了，现在的公文包多以皮革、尼龙为主要材质，外观上也变得更多元，过往内部以装载纸本文件为主，现在也被笔记本电脑、iPad 等电子产品所取代，因此公文包在设计上便更追求轻巧，且强调收纳功能。公文包与西装搭配也是最不容易出错的包款，但是在挑选时，记得除了深度外，宽度也很重要。如果文件或笔记本电脑无法收入包里，是优雅不起来的。

波士顿包

有时候难免想要离开城市放空一下，有时候则是被安排了一场出差，也许是两天一夜，或是三天两夜，时间不长距离也不远，这时候，最适合绅士使用的包款非波士顿包莫属。相较于公文包与托特包，波士顿包容量大，线条设计也比较柔软，因此适合作为休闲之用，有帆布、皮革等材质的选择，帆布耐磨耐用，皮革则显得较有质感，可以依照当日穿着搭配使用。要记得，若非不得已，请绅士出游时选择手提的波士顿包而非拖拉的行李箱，手提行李自然沉重些，但帅气是需要忍耐的。

托特包

若觉得公文包过于正式，那么，托特包也是绅士们搭配西装的好选择。托特（tote）一词有搬运、携带的意思，因此这类包款多属于实用型，造型较轻便简单且有足够的收纳空间。男士用的托特包其实是由女性托特包演变而来，因此设计师们会选择在外形上更强调阳刚的线条，并使用加厚的材质制作，如皮革、帆布、尼龙等。真皮的托特包因为皮革质感很好，更能突显出个人的品位。在日本，托特包是绅装风格的基本道具，商务与休闲场景皆适宜。

手心的优雅——取物与盛物的淡泊帅气哲学

土屋鞄制造所/社长土屋成范（图左）、海外营运总经理山田麻木（图右）

我认为所谓的"绅士"，就是懂得去购买好的东西，而且会善用买来的东西，使用很久、爱惜它、保养它……

对土屋鞄制造所的社长土屋成范来说，"包袋"是绅士日常中最能体现个人品位的实用物品。从包袋的使用，就可以判断一个人是否具有绅士的概念。所谓的"绅装穿搭""绅士的形象"，与其说是一种外显的时尚风格，或许也可以将它解读为一种行为或选择所传递的品位信息。

隐藏在日常行为中的帅气

譬如，对日本人来说，名片是非常重要的东西。想象一下，当与陌生人初次见面，鞠躬问好后，对方悠悠地从皮包中拿出一个光泽沉稳、内敛成熟的马臀皮名片夹，微笑地与你交换名片，这样的感觉是极为优雅而具有品位的。或当你在拿零钱结账时，不是从口袋匆忙地掏出一个10日元硬币，而是从口袋中轻轻地拿出一个零钱包，解开纽扣，再从中拿出一个10日元硬币……同样的行为，感觉却完全不同。

特别是皮制的名片夹或零钱包，用它愈久，颜色变化愈明显。从有味道的物件中拿出名片或零钱，对方就会觉得这个人很有品位。因此所谓的绅士，应该就是要运用这些微小物件，低调地经营生活中的优雅。土屋社长笑着说："每当看到这样的人，我就会觉得他很有品位，很帅，也会希望自己可以像这样的人一样！"

好眼光与品味

懂得选择适合自己的物件，也是一门功课。土屋社长提供一个判断包包优劣的简单方法："先看包的里面。"延续着绅士的概念，他建议消费者不该只看外面，而要注意内在与细节。有些品牌的包可能外表非常好看，但仔细看则会发现内部有瑕疵。包包里层是最容易偷工减料的地方，因此消费者首先可以确认包包的内部。比如两块布料拼接在一起的缝线是否牢固、缝线有没有缝直、是否有落线的状况等。如果包包内部等不容易注意到的地方都很用心缝制，其他更容易注意到的地方，应该也不会马虎。

一个好的包包，其实有很多制作过程中的细节是消费者无法直接发现的。譬如缝线，或许外观看过去，就只是单纯地缝起来，但细心的品牌，就会在某些容易受到压力或常被拉扯的部位，加入补强材料，或缝制两遍以使其稳固。缝线的颜色，如果是跟皮革一样，就算有一点点歪、不整齐，也不容易被发现，但对品质有信心的品牌，会刻意让皮革跟线的颜色有点不同，避免产生缝线歪掉，或大小不一的状况。

不贪心的适中

在搭配时，包的“尺寸”也是一个要点。日本人的体型相对娇小，因此在设计包包时，便会朝“适合一般人身高、体格”的角度来制作，有些品牌还会分析使用者的性别、手掌的大小或长度，并依据对象去调整。换句话说，从尺寸就可以判断这是不是一款日式包。同样类型的包，如果是欧美品牌，很可能就会大上一圈。

除了选择适合自己的尺寸，使用包时，还需要“忍耐”。如果单纯从盛载物品的角度去思考，可以装盛东西的包选择实在太多了。但如果想要呈现出风格，或许就会选择用手提的，而不是背包。在日本，最常见搭配绅装的包款就是托特包，即便是正式的西装，也可看到有人搭配使用托特包。不过在使用托特包时，要注意不要肩背，而是要以手提的方式，因为包里面一定会装东西，背在肩膀上，可能会使西装产生褶子，手提的方式，身体也会显得较为挺拔。

或许中国对于绅装文化的累积还不够长久，但注重细节、低调传递品味却也是不变的基本原则。掌握基本观念，即便是提包包、拿名片、取零钱等日常生活的微小动作，也别忘了落实“日行一帅”的低调作风！

土屋鞄制造所

取自创办人土屋国男先生大名的"土屋鞄制造所"，创立于1965年，品牌最初主要生产小学生的书包。由于工艺精良，品质深受使用者肯定，因此逐渐增设其他皮制品的设计与生产。《校对女孩河野悦子》《宽松世代又如何》《家的记忆》等多部日剧中都可见到该品牌的包袋现身其中。

从教室到办公室

147 148

土屋鞄制造所 / Urbano公文包 黑色、棕色

日本品牌土屋鞄制造所以制作日本小学生书包起家，其最为自豪的技术，便是坚固耐用的小学生书包底部缝制法。Urbano公文包选用最好的皮革，以这种缝法来缝制公文包的底部，因此相当牢固。另外，一个包有正背面之分吗？确实有的。如果某一面有拉链或口袋，那就是包包的背面，所以绅士手拿着包时，记得注意正反面。如果觉得黑色的包款显得太过正式，也可选择形状略有不同的棕色版托特包。

MCVING

创立于2008年的MCVING，其包款涵盖现代、古典、摇滚与复古等多种元素，仿佛是多元文化与气质的交融呈现。MCVING坚持少量手工生产，部分款式采取限定数量发售，并提供定制服务。除了强调简约优雅的设计，MCVING也针对皮包的功能性进行思考。加入背带、编绳，变更使用方式的设计创

公文包的表情

149

150

149

MCVING / 黑色麂皮MF公事型书包

采用最经典的复古公文包设计，正面的主扣附有钥匙，重现公文包的复古造型，材质为合成布料搭配牛皮，带有麂皮质感，价格却更为亲切，也减轻了手提的重量，让公文包更具有smart casual（商务休闲）气质，是经典公文包的入门选择。

150

MCVING / 全黑色牛皮公事型书包

同样使用经典复古公文包设计，但以全牛皮制成。油边方式的封边，增加了包包的精致感。相对于麂皮的休闲感，牛皮版的气质更加正式。融合传统公文包的造型，但拥有更多功能性。加入背带后，可以变化手提、侧背或后背等不同可能。内部可容纳15英寸笔记本电脑，刻意不加入隔层，让空间利用更有弹性，水壶、小外套等物品也可轻松携带。

意非常出色。增加皮包的使用频率，让皮件涉入不同日常生活情境，一物多用的设计概念，也让惜物爱物的优雅绅士们印象深刻。

151

152

151

MCVING / 黑色麂皮 MF 复古书包 L

不同于黑色牛皮公事型书包的古典正式，此款复古书包更着重于日常休闲的气质。合成布料具有温润的麂皮质感，配合包边处理，较适合在休闲活动中简单展露绅士感。同样可以变化手提、侧背与后背的使用方式。此外，包包后方还加入了拉链，旅行时可直接套入行李箱的拉杆，方便出差使用。

152

MCVING / 黑色防水复古书包

此款是麂皮复古书包的缩小版，设计师在设计时，不想等比缩小，因此刻意缩短包包的袋盖，并改变了正面两条皮带的高度，让短小的包包在视觉上显得更为集中。侧边皮带可用于调整空间，让书包可以从方形变成梯形。此款包包还使用了特制的防水材质，防水效果出色。

Rutherfords

Rutherfords是一家英国著名定制皮具公司。旗下所有皮革制品皆采用染色的英国马鞍革打造，除了使用顶级皮料，品牌也习惯使用英国传统机器、模板和工具，强调英国本土制造。若想寻找最地道的英国手工技术，其原汁原味的英式风格，就是你的首选。

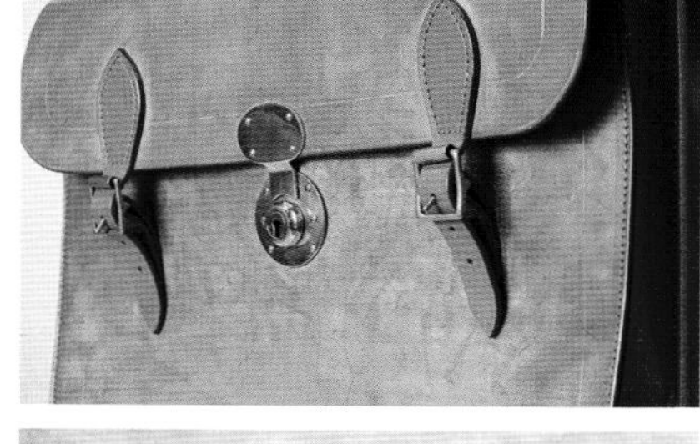

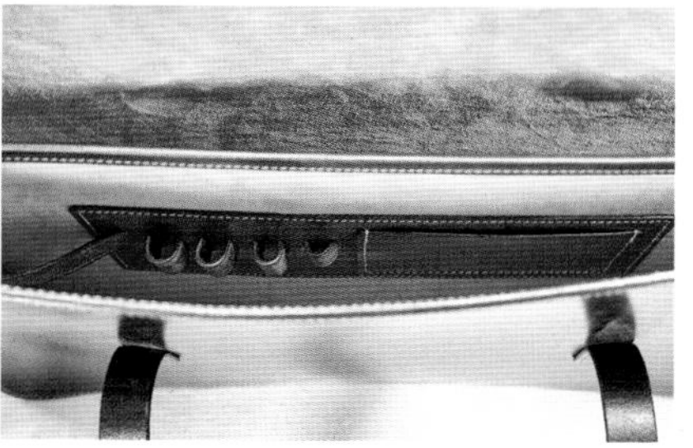

地道英式
风格首选

153

Rutherfords / Flapover Brief Case 棕色

经典英国公文包造型。提把部位内含橡胶，随每一次提握，由体温慢慢塑形，逐渐吻合个人手感，弯度、形状犹如量身打造。公文包设有金属锁，兼具耐看与防盗功能。尤其贴心的是，外层与内层间有防水衬，遇到大雨仅表皮淋湿，不会真正渗透至包内，具有保护作用。

154

Rutherfords / The New Music Case 墨绿

改良自七八十年前用来收纳琴谱的音乐包造型，外层为强韧耐用的马鞍皮，随着使用愈显油亮，由于制造时刻意保留宛如白雾般的皮蜡，皮革的光泽感与皮蜡的磨损形成带有温度的岁月痕迹。缝线工艺完美，金属开合环的复古设计韵味优雅。

Le Feuillet

法国新锐设计师品牌**Le Feuillet**，以实用性为设计诉求，所有皮件坚持由法国当地工匠手工制成。该品牌包款造型简约利落，充满浓厚的设计感，特别的是，其商品的灵感是来自于设计准则与建筑。强大的视觉设计结合传统精湛工艺，使用设计师特别研发的防泼水涂层，更为旗下系列包款的牛皮皮革带来不同以往的雾面质地。

理性绅士的选择

155

Le Feuillet / BRIEFCASE BLUE PETROL · 深蓝色人造皮革公文包

此款公文包是品牌典型的简约设计，容量极大，并使用品牌研发特制的人造牛皮，打造出光滑且防水的皮革表面。不提供背带，但当你握着此款公文包，你会体验到优质设计带来的独特手感，从皮革厚度，大小与重量，到细节的拉链使用，鹿皮衬里，使用体验顺畅，整体与局部的设计更是和谐，虽然没有百年工艺经验，但坚实的设计力却也让选择此款包包的绅士们足以应付商务与时尚的办公状态。

156

Le Feuillet / LA POCHETTE À MAIN TABLET BLACK · 黑色植鞣皮革笔记本电脑包

此款皮革笔记本电脑包造型简约，皮质轻，却可以收纳**A4**尺寸的文件夹或**13**英寸的笔记本电脑。包包背面，于右下角有一排数字标记，为品牌设计者刻意在各单品下方加入的数字货号，呈现艺术品般的精致气质。

157

Le Feuillet / LA POCHETTE À MAIN SANGLE COGNAC · 焦糖色植鞣皮革信封包

Le Feuillet包款设计的最大特色是，在包包的底部加入了一条用于固定手掌的皮带，方便持握。除此之外，还可发现信封包的袋盖不规则，这是品牌向英国设计大师**Ross Lovegrove**（罗斯·洛夫格罗夫）致敬。**Ross**惯常在设计中加入有机的线条，不规则的弧线袋盖，即是品牌向**Ross**取经的设计巧思。

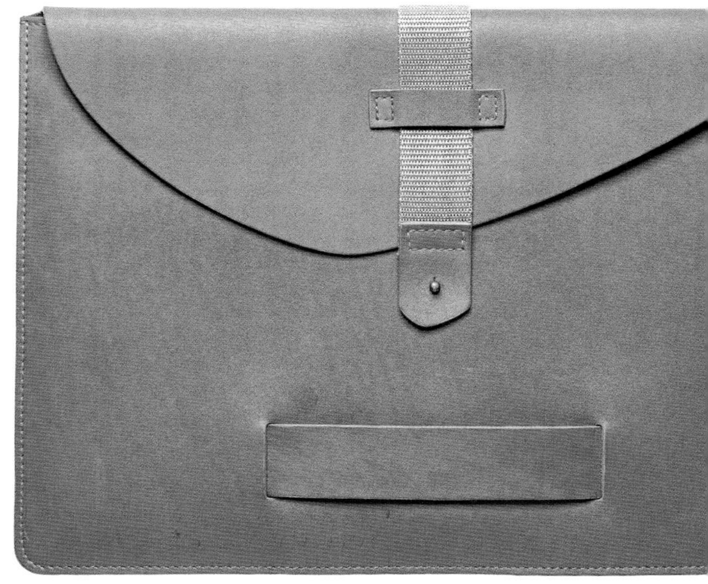

务实地叛逆

158

MCVING / 黑色鳄鱼纹牛皮V式书包

这款V式书包使用全牛皮加鳄鱼压纹处理。鳄鱼压纹的设计，让皮革具有高低交错的视觉效果，强化了整体的奢华感，并加入叛逆气质。因为纹路多且深，所以相对防刮。V式书包的变化度更高，牛皮背带有多种应用方式，可当作提手或侧背用，侧边皮带还可调整宽度，将方形包包改成梯形，具有托特包的效果。

内敛+豪迈=熟男典范

159

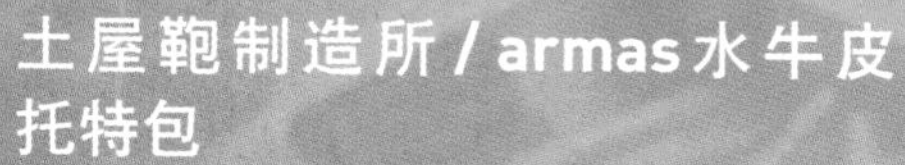

土屋鞄制造所/armas水牛皮托特包

armas水牛皮以玻璃球打磨表面，使之光滑强韧，与Vehicle系列的皮革使用后具有柔韧光泽感不同，armas水牛皮使用后反而可以维持硬挺感觉。包袋的开口处采用挂钮设计，内袋加入了可以插笔的笔套，可收纳B4大小文件，加之手提肩背皆适合的提把设计，土屋鞄制造所的会长强烈推荐此款给重视功能性的绅士使用。

手感温润的
几何美学

160

土屋鞄制造所/ UNIQ liberta直式托特包 黑色

土屋鞄制造所的包款，在造型上多属于基本款，从不过度强调外观造型。此款UNIQ liberta直式托特包维持素雅简约的造型，但局部细节加入许多以实用性为考量的巧思。譬如皮革边缘的手工缝边、强化边缘的风琴折，包包内部还加入了可以挂放钥匙的金属环。外表简约但细节讲究，是一个可以静静伴随绅士度过春夏秋冬的包款。

161

土屋鞄制造所 / Vehicle 大托特包 黑色

采用复古蜡化皮革（vintage wax leather），鞣制过程中加入了蜜蜡，吸收蜜蜡的皮革会随着使用的时间变化成独特的皮色。此包款也是土屋鞄制造所推出的新系列，因为使用的皮革纹路明显，主打粗犷感，适合搭配素雅绅装，局部渲染出成熟稳重感。

162

土屋鞄制造所 / UNIQ Liberta 两用托特包 棕色

以托特包为主体，配有肩带，可变化手提、侧背或斜背的使用方式，满足一物多用的心理期待。该两用托特包是以油脂含量高的oil rustic leather（鞣制后浸泡在油脂中制成的皮革）制作，厚度强韧，但又带有柔软的质感。使用时间愈长，皮革的光泽感会愈鲜明，同时还会增加温顺手感。黑色的商务感相对高，棕色则适合休闲场合搭配使用。

163

MCVING / 黑色牛皮 Enve Handbag L

L版的enve handbag，放大后的造型和功能旨类似公文包。设计师在设计时也希望能够更突显包包的线条感，因此在包盖的部分刻意加入了一条横饰的缝线，提把位置则加入铆钉，并在正面加入锁扣。最原始的手拿信封包延伸了尺寸与定义，可提可背的设计变化，提供绅装搭配的多样造型。

164

MCVING / 牛皮V式眼镜包

全牛皮制作的V式眼镜包，内部使用了保护性高的合成环保布料，避免镜片刮伤。侧边加入了扣环，可以搭配编绳。眼镜包的长度也经过设计，可以收放尺、笔等文具。包体侧边到正面，使用了一整片完整布料，展现出简洁感，使主视觉集中在正面的扣子。共有黑色、咖啡色、原色与鳄鱼压纹等四种。

Bellago

取自意大利语 Bella（美丽）+Go（针）的 Bellago，是日籍手作匠人 Ryu Ushio（牛尾龙）创立的手工皮件品牌。Bellago 的包款，惯用温暖色调以及自然的曲线为设计风格。整体造型简约大方，无过多缀饰。具有颗粒感的皮革压纹，也让 Bellago 的包款多了一份手感温润的人情气质。

165

Bellago / ote Bag 黑色

外层与爱马仕包选用同一种小牛皮革，内层为鹿皮材质。鹿皮柔软，可保护电脑、相机等贵重物品。设有背带，手提、侧背两用，底座有防止托特包直接触地的设计。提把部分由师傅亲自缝制，有了手工缝线的张力，提把更耐用，不易损坏。

166

Bellago / billfold wallet 浅棕

内层使用猪皮，摸起来轻薄舒适，双色跳线显得个性时尚。外层选用小牛皮糅制而成，呈荔枝纹路。即使搭配牛仔衬衫、白T恤等休闲单品，仍可衬托内敛品味。

165

166

绅士的奶油压纹提案

行李收纳与旅行况味

167

土屋鞄制造所 / Tone Oilnume 波士顿包 深棕色

tone oilnume 波士顿包相当适合两天一夜的小旅行，包包采用箱形设计，方便衣服鞋子等大小物件整齐排列堆叠。此款使用的 oilnume 皮革经过油脂渗透，可呈现出原始的皮革色调。皮质坚韧但带有温润手感。整体设计使用较柔和、简洁的线条，因此握把设计也较细，提起来感觉相对轻盈。除此之外，这个包有一个特别之处：使用较粗的 0 号线缝制，让缝线特别明显，也是土屋鞄制造所设计的特色之一。

下班后的百搭风格

168

MCVING / 黑色意大利牛皮经典波士顿包

品牌创立第一年就推出的长销经典款。此款波士顿包可调整提把长度，背带亦可拆掉，方便使用者充分变换造型。黑色牛皮质感柔软，休闲中仍具有优雅气质。不论是休闲或正式服装，都非常好搭配。充裕的容量，也是绅士下班前往健身房的优雅道具。此款波士顿包的纹路比较自然，而皮带使用了质感平滑的硬牛皮，视觉上交错两种质感，突显细节精致度。

169

170

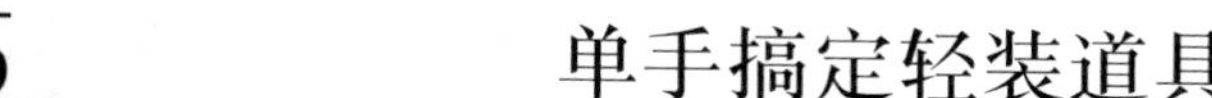

单手搞定轻装道具

171

169

MCVING / 黑色鳄鱼纹牛皮Enve 手包 中

此款包包是信封包的变形，增加厚度，提升了包包的装载容量。包包的原型虽然是信封包，但在设计上增加提把，使其具有公文包的气质，将信封包从手拿延伸到手提，如扣上背带，还可以侧背使用。

170

MCVING / 意大利牛皮小双包

很难想象，一款包包可以具有六种变化。所谓小双包就是同时将两种手拿包结合在一起。两个手拿包分别使用牛皮与麂皮，各自呈现不同质感。双包可以各自独立或合并使用。扣上背带即可肩背，或可搭配编绳，以手提包的方式使用。可以说实用性佳，且不会占据双手太多空间。

171

MCVING / 牛皮Clutch 护照包

此款牛皮护照包共有黑、咖啡与鳄鱼压纹三种花色，内附可收纳八张卡片的零钱包以及一条编绳。虽名为护照包，也适合装手机等，在使用上也像是手拿包或长钱夹。内部具有四个夹层，收纳层次丰富。零钱包可以固定在护照包内，也可单独拆下，与编绳搭配延伸多种使用方式，非常适合绅装男士轻装外出使用。

172

172

土屋鞄制造所 / UNIQ liberta扣式短夹 棕色

UNIQ liberta皮革含有丰富油脂，使用约半年后，皮革就会变软，手感会随着时间逐渐变化，是土屋鞄制造所的员工们最喜欢的系列。附有硬币收纳袋，共有四个票卡夹层以及两个收纳袋，特别推荐给喜欢感受皮革色泽变化，也喜欢在皮夹内收纳杂物的怀旧绅士。

173

173

土屋鞄制造所 / Urbano短夹 黑色

Urbano短夹的特点在于它小巧简朴的造型，其尺寸接近4英寸屏幕（屏幕对角线长度10.16厘米）智能手机，摊开后可见零钱袋、票卡夹、纸钞口袋等空间。Urbano短夹与Urbano公文包使用同系列皮革，也是土屋鞄制造所社长个人相当喜欢的材质。同样地，使用愈久，皮革光泽与纹路都愈耐看。

174

简单低调的生活态度

174

土屋鞄制造所 / Cordovan马臀皮短夹 棕色

cordovan马臀皮是非常稀有的皮革，因为皮革表面经过匠人多次刨薄，外观上特别有利落感，又因为稀有，所以价格稍高。一般使用者通常无法判断马臀皮的价值美感，若是识货伯乐，可以快速提升个人品位。

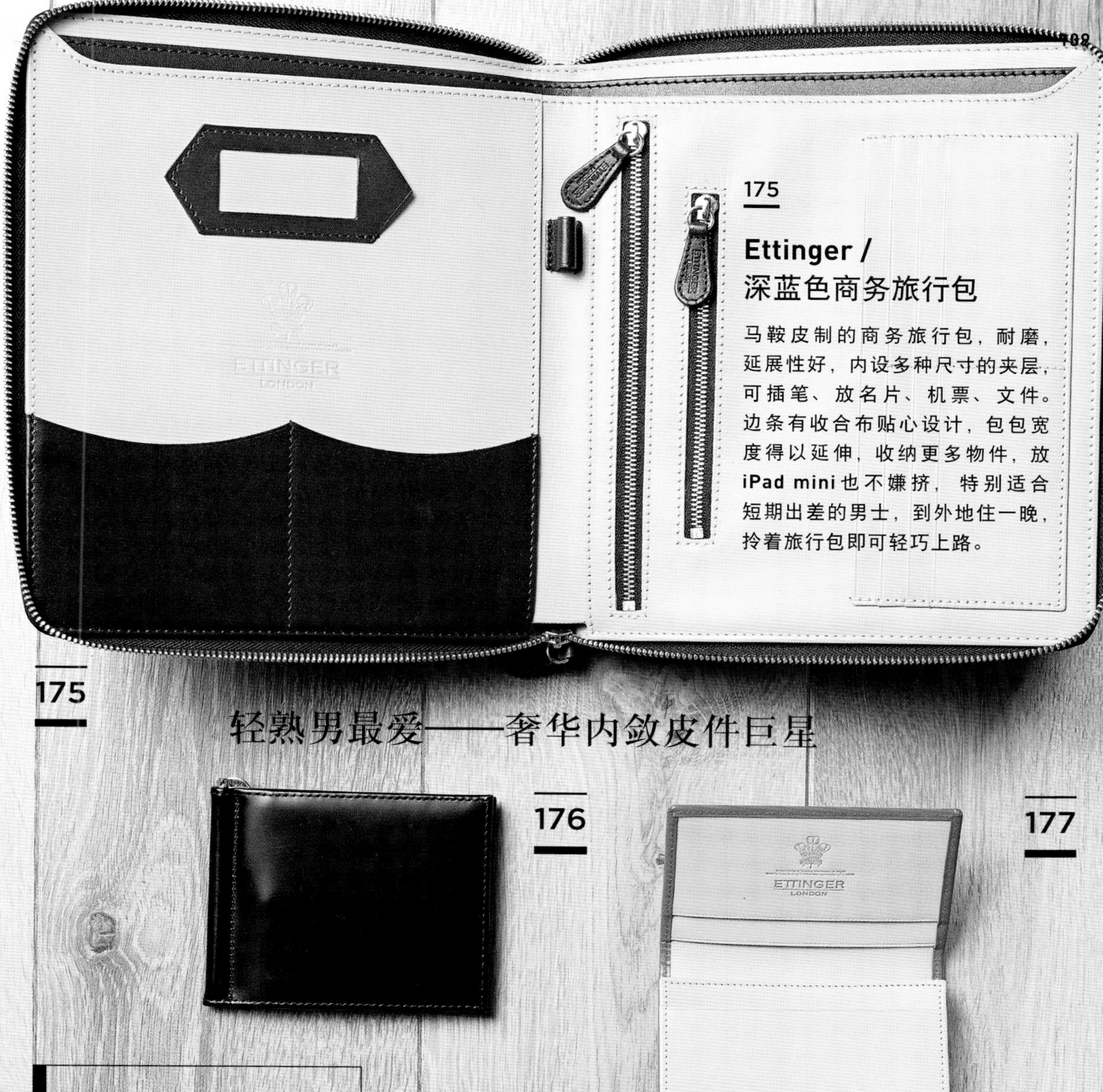

175

Ettinger / 深蓝色商务旅行包

马鞍皮制的商务旅行包，耐磨，延展性好，内设多种尺寸的夹层，可插笔、放名片、机票、文件。边条有收合布贴心设计，包包宽度得以延伸，收纳更多物件，放iPad mini也不嫌挤，特别适合短期出差的男士，到外地住一晚，拎着旅行包即可轻巧上路。

175

轻熟男最爱——奢华内敛皮件巨星

176

177

Ettinger

创立于1934年，有“英国爱马仕”之称的皮具品牌Ettinger是当今少数仍由家族企业掌控的世界级奢华皮具品牌之一。只选用顶级皮革，并且全在英国本土制作，这样的策略让它在过去几年屡获殊荣，并在1996年得到王室认证，正式列为王室御用品的供应商。

176

Ettinger / 黑色钞票夹钱包

延续经典双色设计，减少夹层，整体轻薄利落，建议用来收纳纸钞及卡片，并搭配零钱包使用。内附金属夹，不必担心纸钞掉出。若男士习惯把皮夹放裤子口袋，记得坐下时先取出，免得皮革变形。由于款式简约利落，放上衣口袋是更适当的做法。

177

Ettinger / 红黄双色卡夹

Ettinger最早为电影制作道具，工业革命后才慢慢转型为奢华皮具品牌。此款皮夹使用马鞍革，质地柔软，兼具韧性及松软度，最大特色为双色皮革设计，摆脱了皮夹多为深色的刻板印象。

178

土屋鞄制造所 /
Bridle长夹 墨绿色

British bridle leather是英国制作马具的皮革，具有漫长的历史，质感出色。bridle的皮质坚硬，需要经过很长时间的鞣制，四至六个月才能完成一张。此款皮夹造型设计简约，强调本身质感韵味，除了墨绿色，另有深浅棕色两种选择。

179

土屋鞄制造所 /
Cordovan马蹄形零钱包 棕色

使用有“皮革钻石”之称的cordovan马臀皮，反复进行层层上蜡、水染上色工序，打造质感光亮，从视觉上即可感受到色韵深厚的高雅质感。当翩翩绅士，面临需要支付零钱的场合，从容地从口袋中拿出此款马臀皮零钱包，谁能不对你的品位细节刮目相看呢？

皮包选择
决定个人风格

180

土屋鞄制造所 /
Tone Oilnume缠绕式长夹 棕色

tone oilnume系列是土屋鞄制造所最受欢迎的系列，设计相对中性，男女接受度皆高。皮革质地软，造型空间大，适合发挥不同设计应用。缠绕式长夹属于罕见的皮夹款式，皮绳缠绕的设计，增加随兴自由的感觉，适合文青气质的绅装搭配。

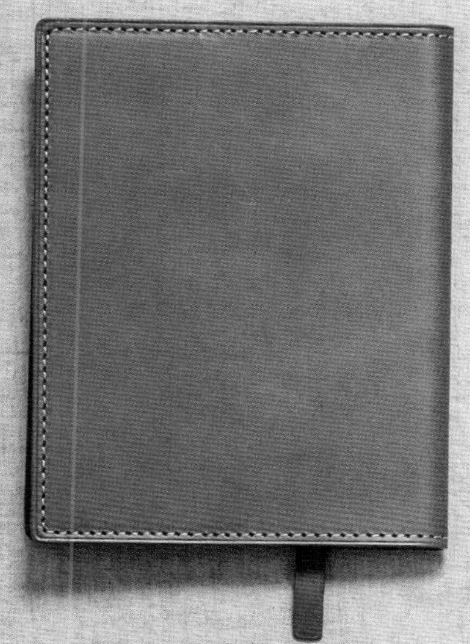

质感包裹
个人思考

181

土屋鞄制造所 / Nume 文库本皮套 棕色

此文库本皮套最大可放入15厘米×13厘米的文库本尺寸图书，也可以用来放入笔记手账。皮套使用硬度高、厚度强的nume皮革，外层刻意削减装饰设计，内层亦取消特殊加工，正反两面呈现出皮革的不同表情，以装载的书本为主体，低调中庸的设计反映了凡事适度、恰好的朴实思维。

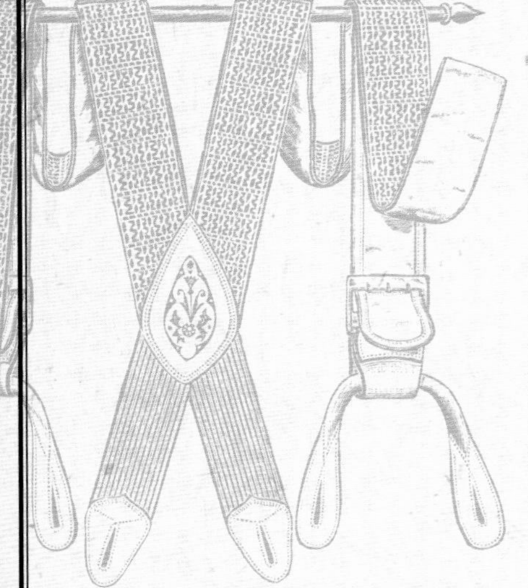

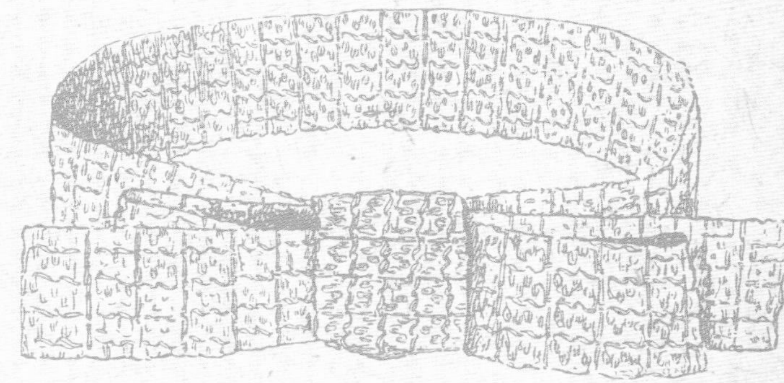

ACCESSOR

微观的美学

配件

绅装是盔甲，是第二层皮肤，也是我们面对世界的第一张名片。设计炫丽的皮鞋，质感出众、设计利落的西装，它们都是绅装世界中的万人迷，每次出场总能备受瞩目的大明星。不过别忘了，在绅装的世界中，仍有一群常被忽略，但同样能体现工艺与设计质感、兼具实用性，支撑每位男士度过每次会议、约会，以及陪伴日常作息的小物件。

玩味绅装风格的男士们，别忘了绅装风格最有趣的地方在于，如何在充满限制与规则的逻辑中变化个人风格。未使用金属支撑的镜脚、自动上链机芯、表里两面双色伞……这些无法直接辨识，但处处暗藏玄机的微小配件，日常应用的常备物品，都是绅装玩家们渗透品位细节的最佳切入点。

风格、品味、舒服的三位一体

眼镜

一直以来，眼镜始终都是时尚产业里最细枝末节的小物。穿着的衣物不提，一双造价高昂的手工皮鞋，动辄以万元起跳[1]；手上的腕表更不用说，叫得出名号、带有设计感的款式，六位数的价格，差不多才刚入门。还好，这几年在日本眼镜集团与香港街头潮流媒体的联手推动下，眼镜终于成了亚洲男性的脸上玩物之一。泰八郎[2]、手工框、无螺丝镜脚……只要稍微翻过杂志、浏览过网页资料，每个人都叫得出几个似曾相识的名字。买眼镜一定要区分手工框、非手工框？日本框架就一定是匠人手工制作？且去看看传统平价连锁渠道里，多少打着日本名字的品牌，翻开镜脚内侧，made in China（中国制造）。买眼镜，不求别的，多看是基本功课。看品牌、看设计手法、看手工雕花、看板料的成色、看赛璐珞（硝化纤维塑料）的光泽，当然也要记得看细节修饰和电镀品质。

没有哪一个品牌的哪一个款式一定是正确的选择。你跟余文乐、约翰尼·德普（Johnny Depp）的脸型不尽相同，他们戴在脸上好看的，你当然也可以试试，但是否服帖脸形、鼻梁是否卡得紧，瞳孔与镜片的距离是否舒适，这些也都是必须同时考虑的。但如果你真的好喜欢余文乐和约翰尼·德普，也OK！专业的眼镜店家，还是可以为眼镜的细部做调整，更贴合你的脸形，甚至考虑到你的使用习惯、日常需求，但是关于光学的专业调整，就是另一个大课题了。这样说吧，风格、品味、舒适度，三者缺一不可。眼镜是戴在脸上的，让别人看见你的风格物件，但多数人都忘了，眼镜也是让自己（眼睛）看得舒适的生活道具。喜欢复古、喜欢斯文书卷、喜欢轻量化、喜欢经典品牌都好，还是那句话，欣赏眼镜，要多看。一副3000元含镜片的款式，或许和一副16 000元不含镜片款式设计风格相仿，但细节差在哪里？多比多看，有天你也会是风格专家。

眼镜各部位介绍

结构

拿起一副眼镜，欣赏整体的结构非常重要。结构不只是两个镜片、一个框、两只镜脚那么单纯的事。人的脸型有宽窄方圆之分，戴上脸的眼镜更要重视结构的平衡，整体的效果。部分欧洲眼镜品牌甚至有亚洲版，以符合东方人的需求。拿到一副眼镜，试着平放，从各个角度慢慢欣赏吧。

[1] 本书如非特别说明，价格单位均为新台币。——编者注

[2] 日本工匠泰八郎制作的赛璐珞手工镜框，品牌名称是泰八郎谨制。——编者注

鼻垫

眼镜毕竟是戴在脸上的物件，如何固定？鼻垫是大关键。值得注意的是，部分欧洲或是日本框架，框架的间距较大，怎么调整呢？可以试试请眼镜店多粘贴一层橡胶鼻垫，改善佩戴的舒适度。再不然，请选择有鼻支架加鼻垫的设计，方便调整。

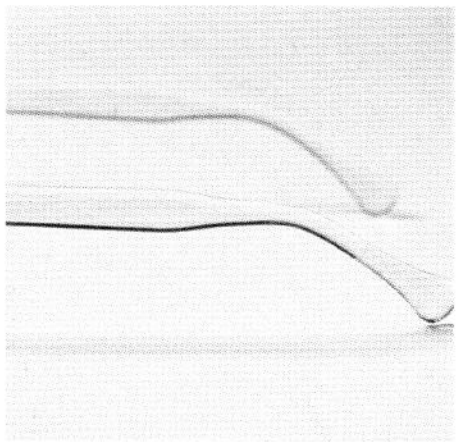

镜脚

通常板材框的镜脚，内部一定会使用支撑、加强结构强度的金属芯，一些品牌设计甚至会在这种内里的金属镜脚上也雕花。雕花的质感也有高下之别，值得多多欣赏。 而这一副TVR的眼镜，难得使用4毫米的薄版赛璐珞，却未使用金属内芯支撑，相当考验制造难度。

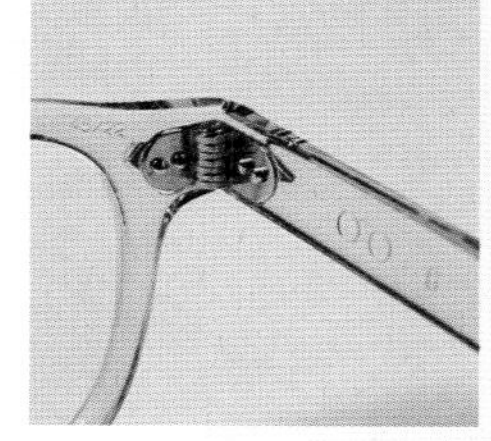

铰链

铰链即在镜框和镜脚接合处，用以联结的功能性设计。东西方的差异颇大，在日本称作“蝶番”，中间以螺丝固定，因具开阖形状宛如蝴蝶因而得名。在西方，部分品牌使用弹簧，部分品牌使用各自设计的无螺丝结构。欣赏不同的铰链结构，是美感上的乐趣， 至于孰优孰劣，其实没有绝对的标准。

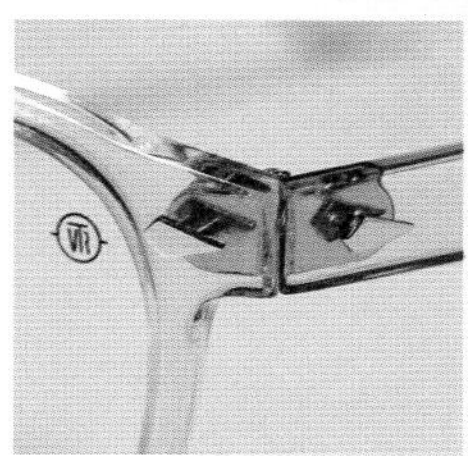

饰样

为了让铰链固定在镜脚和镜框上，不少板材或是赛璐珞框会在镜架外侧多做一个固定用的金属饰片。原本只是为了功能性的设计，随着眼镜设计师的创意涌现，有人单纯采用棱形，有人造了一对翅膀，甚至也有人以星星或圆点取代，最终演变成某种视觉乐趣。

匠人的奋起

182

山田光和 / 赛璐珞眼镜

谈起日本的眼镜匠人，几位老先生的名号大家早已耳熟能详，不必赘述。同样来自福井的老匠人山田光和，虽然名气不算很大，但使用薄版的赛璐珞，同时整只镜架的金属都使用医疗级的“太阳白金”，亲肤、不过敏，镜脚与鼻架处更佐以相当细腻的雕花，技艺不逊大家。魔鬼，原来真的藏在细节里啊！

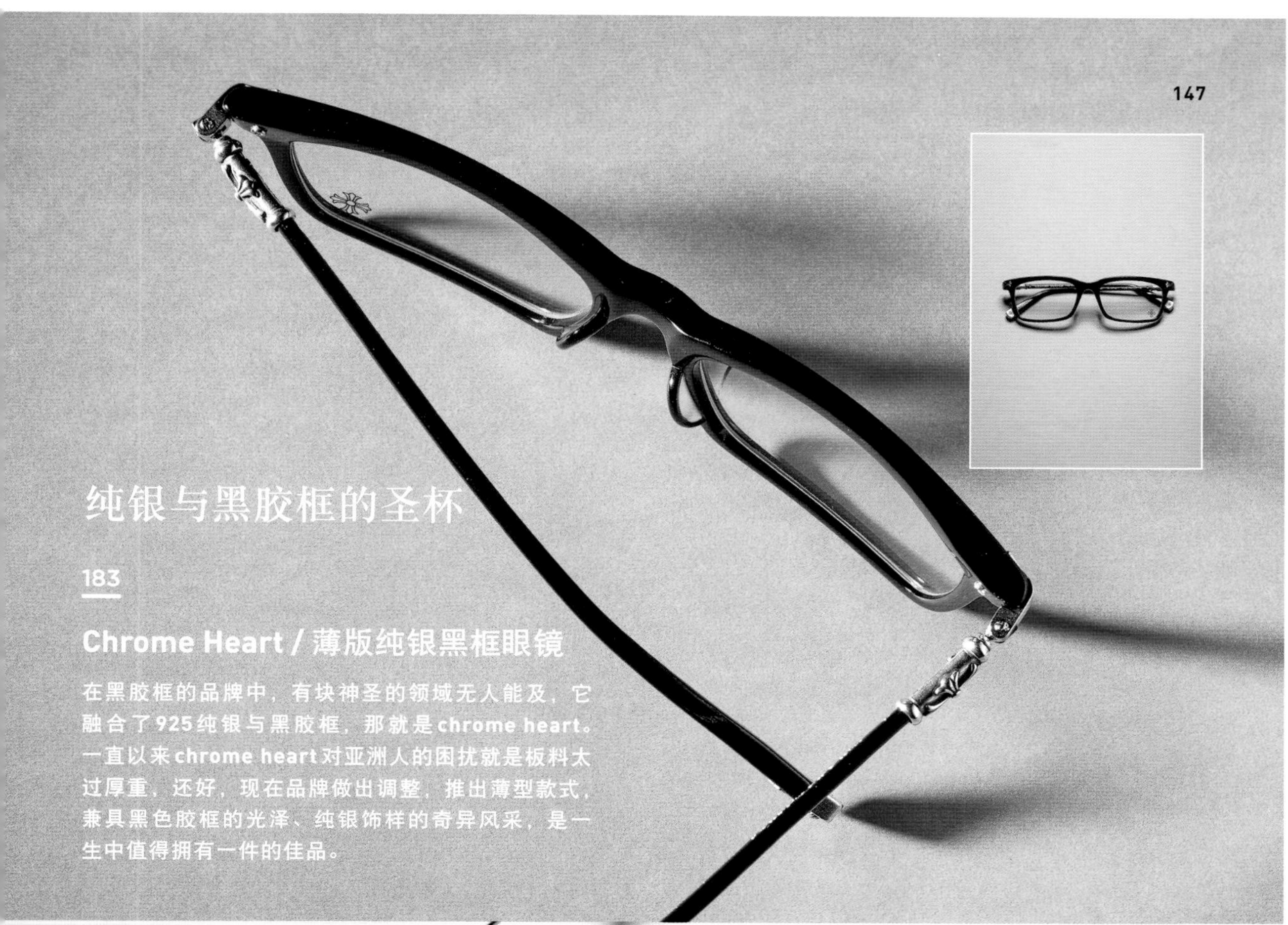

纯银与黑胶框的圣杯

183

Chrome Heart / 薄版纯银黑框眼镜

在黑胶框的品牌中，有块神圣的领域无人能及，它融合了925纯银与黑胶框，那就是chrome heart。一直以来chrome heart对亚洲人的困扰就是板料太过厚重，还好，现在品牌做出调整，推出薄型款式，兼具黑色胶框的光泽、纯银饰样的奇异风采，是一生中值得拥有一件的佳品。

新世代时髦金属框

184

Bobby Sings Standard / 钛金属圆框眼镜

日本眼镜除了以匠人闻名，近年另有一派以设计师为主打，其中由森山秀人（Hideto Moriyama）负责的bobby sings standard，颇具复古味。新款的正圆框结合双层钛金属，一黑、一金，散发着难以忽视却又时髦的奇异锋芒。钛金属本身轻盈，加上设计师的巧思，对喜爱正圆框的买手们来说相当值得投资。

中金正流行

什么是中金？随着大量合成板材与金属的复合框架兴起，不少眼镜的镜片外缘可能以板材包覆，但正中央连接之处，却闪耀着金属的光泽。

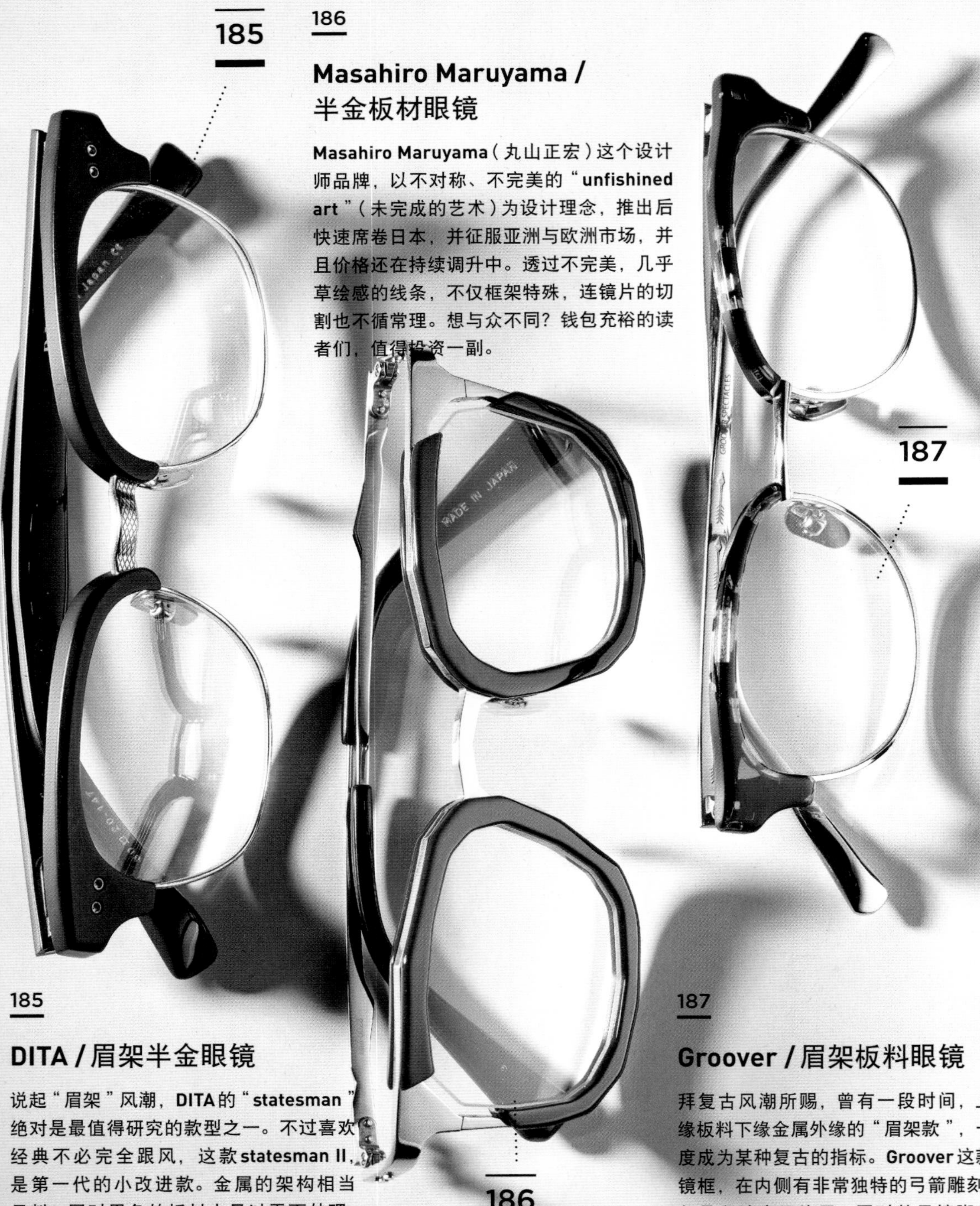

186

Masahiro Maruyama / 半金板材眼镜

Masahiro Maruyama（丸山正宏）这个设计师品牌，以不对称、不完美的“unfishined art”（未完成的艺术）为设计理念，推出后快速席卷日本，并征服亚洲与欧洲市场，并且价格还在持续调升中。透过不完美，几乎草绘感的线条，不仅框架特殊，连镜片的切割也不循常理。想与众不同？钱包充裕的读者们，值得投资一副。

185

DITA / 眉架半金眼镜

说起“眉架”风潮，DITA的“statesman”绝对是最值得研究的款型之一。不过喜欢经典不必完全跟风，这款statesman II，是第一代的小改进款。金属的架构相当足料，同时黑色的板材少见以雾面处理。“中金”的表面还经菱格纹处理，赋予一丝斯文气息。

187

Groover / 眉架板料眼镜

拜复古风潮所赐，曾有一段时间，上缘板料下缘金属外缘的“眉架款”，一度成为某种复古的指标。Groover这款镜框，在内侧有非常独特的弓箭雕刻，颇具印地安民族风，同时整只镜脚完全以金属制成，虽然戴起来有点儿凉，但这可是真正男人味，质感上乘。

188

Von Arkel / 钛金属光学眼镜

Von Arkel一共有四位创始人，他们最为罕见之处，是找来瑞士的专业机芯厂**Dubois Depraz**合作。将原本运用于机芯制造的精密技术，转而运用在铰链接合处。看似平凡无奇，但是组装容易，而且耐用度大幅提升，一如瑞士高级腕表，看似平凡，但工艺藏在细微处。

191

Mykita / 金色钛金属光学眼镜

和**IcBertin**一样出自德国，**Mykita**同样以特殊、无螺丝的金属铰链见长。而且近年来的设计越来越简洁，也受到大量西方名人、名流的喜爱。全金色的款式薄如纸张，但镜脚另附胶套，增加佩戴舒适度，不仅是好看而已。

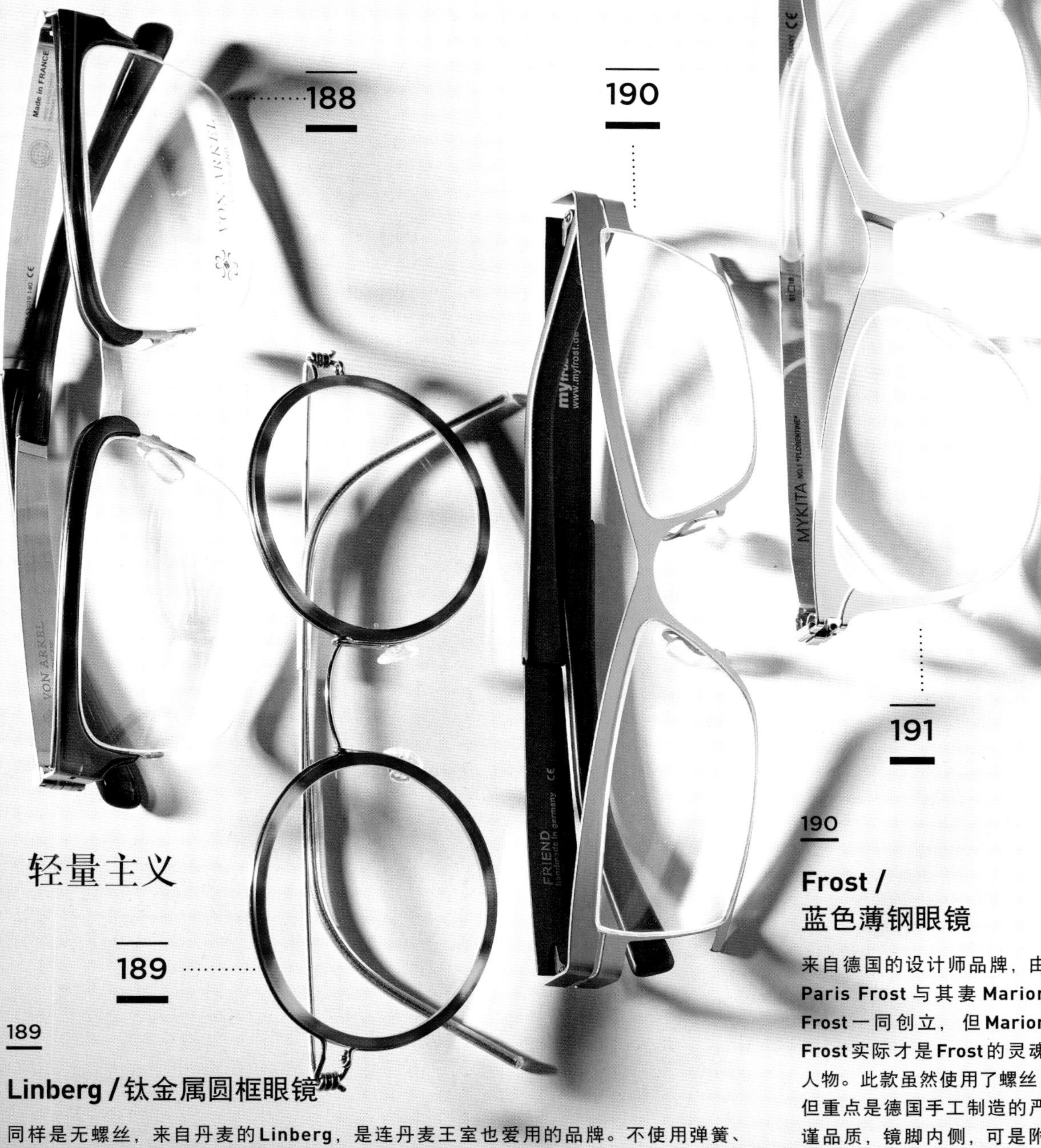

轻量主义

190

Frost / 蓝色薄钢眼镜

来自德国的设计师品牌，由**Paris Frost**与其妻**Marion Frost**一同创立，但**Marion Frost**实际才是**Frost**的灵魂人物。此款虽然使用了螺丝，但重点是德国手工制造的严谨品质，镜脚内侧，可是附上了**handmade in Germany**（德国手工制作）的字样。

189

Linberg / 钛金属圆框眼镜

同样是无螺丝，来自丹麦的**Linberg**，是连丹麦王室也爱用的品牌。不使用弹簧、不使用螺丝，但特殊的螺旋结构，可以将镜脚完全撑开。加上钛金属的超轻量，虽然不是最摩登的款式，却有机会让你戴得最为长久。

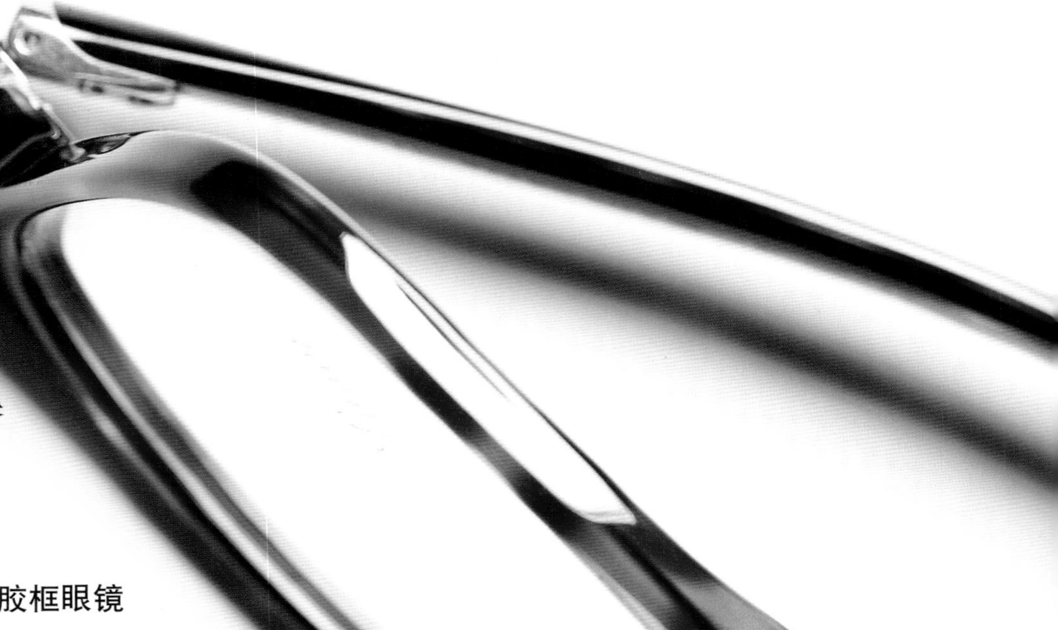

斯文书卷

192

Lunar / 深色仿玳瑁胶框眼镜

来自德国的Lunar，大概是全世界最不需要名人炒作的眼镜品牌，因为苹果创始人乔布斯生前最常戴的眼镜，正是出自Lunar。特殊的铰链、德国人的严谨让Lunar气质独特，这只镜架上缘的线条隐约带有眉架框的气质，但两侧收角处却又变得圆融。斯文，就是让品质和气质说话。

193

Gold & Wood / 双层木头眼镜

必须说在前头，Gold & Wood（金与木）的“木”，并非以整块实木制造。事实上，正因为用多片木板经过高压密合，使得Gold & Wood既具备了木质的气质，也增加了韧度。另一个好处是镜脚还可应佩戴者的脸形做调整，睿智而雅致。

194

山田光和 / 正圆框赛璐珞眼镜

前面介绍过的山田光和，是同样出自福井的传统眼镜老匠人。这只正圆框的镜架，同样采用了赛璐珞与太阳白金作为材料。赛璐珞目前仅剩日本在生产，放在强光下直射，内里的纹理、光泽，浑然天成。

复古老派

195

Steady / 七宝烧圆框眼镜

戴眼镜需要什么？有人喜欢工艺，有人喜欢稳定。由金子昌嗣主导的设计品牌Steady（稳定），名称已经说明了一切。这副圆框眼镜的外缘采用了特殊技法“七宝烧”：将珐琅烧制转印在金属表面，呈现滑嫩复古的质地，极其细腻。

196

TVR / 504透明赛璐珞眼镜

锁定20世纪70年代复古风格的TVR，品牌全称为True Vintage Revival（复古文艺复兴）。这款赛璐珞眼镜的板材极薄，仅4毫米，同时因完全透明，可以看得到镜脚里完全没有支撑、一体成型。铰链处的细节也处理得相当漂亮，没有“溢胶”的现象。全透明，是老派风格的问心无愧。

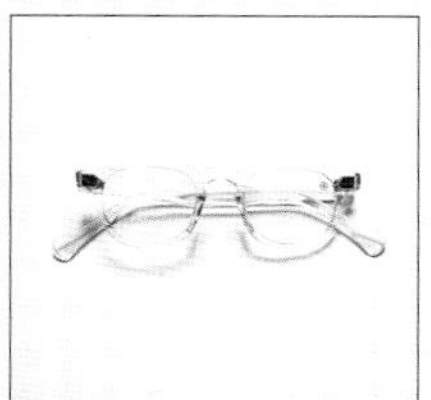

197

Kaleos / 全金复古眼镜

虽然不算真正的知名品牌，但Kaleos这款金属镜框，框架呈现近似泪滴式的轮廓，同时金属的电镀也非常细腻，成色漂亮。不像眼镜大国如日本的细腻、德国的严谨，西班牙的Kaleos擅长以造型取胜。但全金外显张扬，不是行家的话驾驭难度颇高。

Fox Umbrellas

成立于1868年的英国经典雨伞品牌Fox Umbrellas以其精细做工与出色用料，数百年来常被人称雨伞界的“劳斯莱斯”。Fox Umbrellas百年以来一直坚持手工制作，采用轻薄、牢固、速干的材料进行制作，其雨伞收紧之后简洁利落，细长笔直的线条感非常优美。伞柄部分的做工也非常细致，各式木柄以及动物头雕，让雨伞成为绅士外出漫步的经典装饰道具。

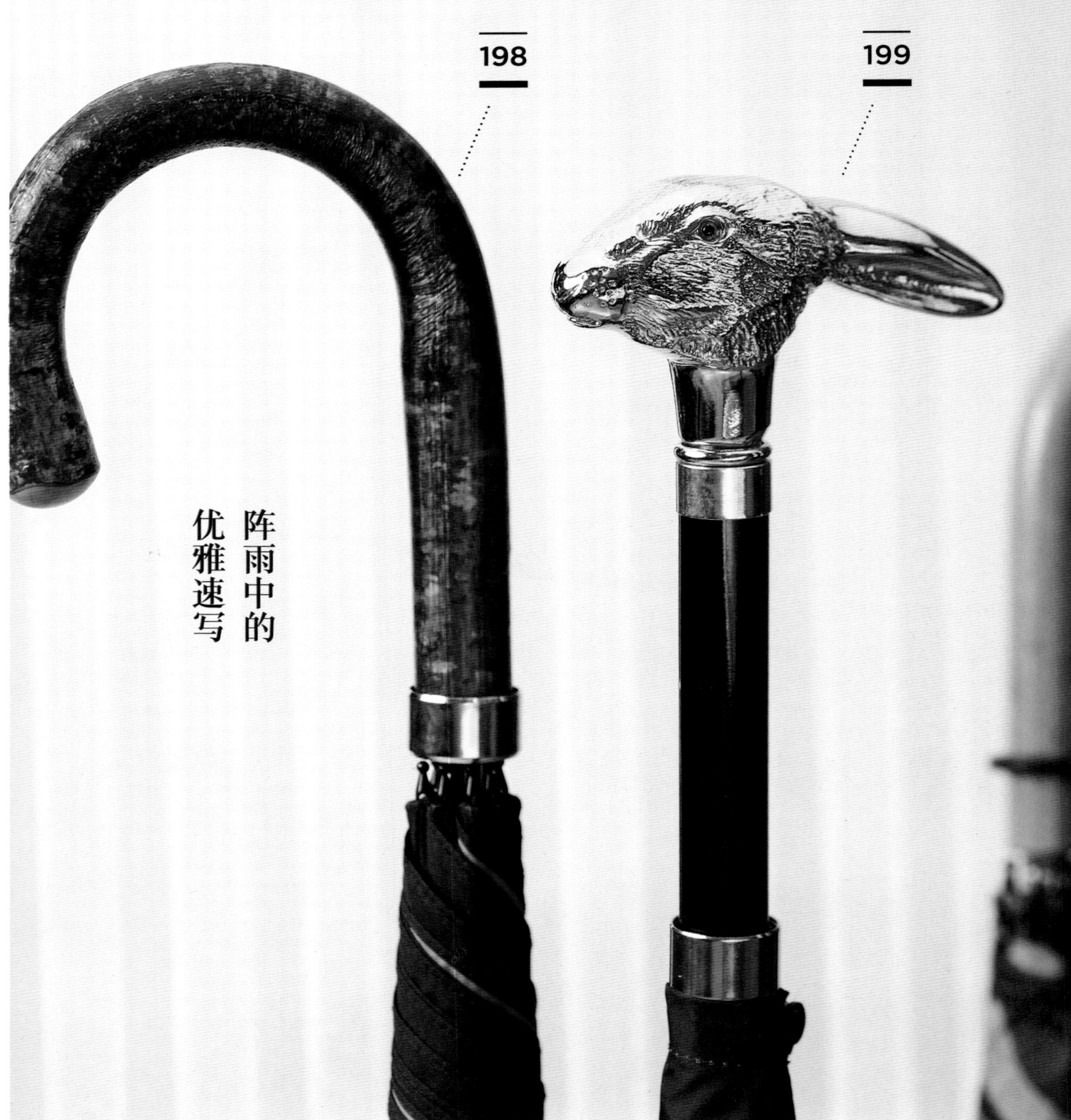

198

Fox Umbrellas / 白蜡木柄黑橘双色长伞

要将原木制成雨伞弯状握把，相当考验师傅技术。**Fox Umbrellas**白蜡木柄伞，握柄保留木头原始状态， 再以火烤烧炙，纹理、 色泽皆是独一无二。 此外，**Fox Umbrellas**伞身纤细，显得格外雅致。全系列区分男士与女士用伞，甚至可量身定制，而钢骨伞架可抗强风，好看又耐用。

199

Fox Umbrellas / 兔头柄黑色长伞

Fox Umbrellas的伞柄可见许多动物头雕，最经典的是与品牌同名的狐狸，其次是兔子、猎犬、马、鸭等狩猎相关的动物，眼睛位置的施华洛世奇水晶从不同角度看会有光泽变换。伞面采用聚酯纤维，水一旦遇到伞面会立刻滑开，收伞时不会在地上留下一大摊水，优雅指数大大提升。伞部形状呈弧状内凹，包覆功能佳，也不易被溅湿。

200

UNITED ARROWS / 双面伞

双层布面的外层在海军蓝底上铺陈白色点点，为这把伞赋予了搭配服装的功能，内层则是条纹图样，与外层不同的伞下风情。在绅士用伞（**gents umbrellas**）文化兴盛的英国，伞具是身份与品位的代表，如果想效法英国绅士的优雅风范，选一把好伞绝对是关键。

201

UNITED ARROWS / 咖啡色伞

在西装的发源地——英国，伞是绅士理所当然的配件。其实在雨伞发明初期，因为使用鲸骨制成，非常笨重，所以绅士们反而是不用伞的，但经过改良，轻而纤细的伞骨大幅改善便携性，因此成为绅士爱用的道具。这款伞具以木头伞柄和金属伞尖打造高级质感，咖啡色系既经典又好搭，显示即使面对风雨也不马虎的绅士派头。

200 201

Anderson's

Anderson's 1966年成立于意大利的帕尔马，采用优质皮革及当地传统工匠技艺制作皮带。坚守品质、颠覆传统思维、注入各种时尚元素，让皮带不只是皮带，也是绅士身上的亮点之一。Anderson's是意大利重要品牌，每年都在佛罗伦萨、巴黎、伦敦、莫斯科等重要男装展览会展出，其优雅时尚的风格颇受好评。

腰间装饰

202

Anderson's / 深蓝色素面水牛皮带、棕色编织皮革皮带

一般来说，愈素、愈深、花纹愈少的皮带愈正式。一般男士选购皮带若为商务使用，以深色素面最受欢迎，尤其是黑色。此款以意大利小牛皮制成，宽度为常见的三厘米。需要特别注意的是，若皮带非素面，如编织皮带，则建议穿牛仔裤、卡其裤等休闲装扮使用。

203

Anderson's / 棕色小牛皮鳄鱼压纹皮带

同为意大利小牛皮，宽度三厘米，鳄鱼压纹纹路特别，表面光亮。相较素面皮带，鳄鱼压纹显得很有气势，适合中高主管阶层的熟男穿搭使用，轻熟男们则也可借此在正装中增添狂野感。穿搭时应注意与鞋子颜色一致或相近，比较不易出错。皮带虽是消耗品，但经常使用可以避免氧化，使用后建议在通风处使其自然垂放，避免变形。

204

ORINGO林果良品/
植鞣雕花绅士皮带 经典黑、深咖啡

使用植物性鞣剂制成的皮革，成分天然亲近肌肤，随着时间打磨出独树一帜的色泽变化。双面皮革缝合与双股车线大大提升耐用度，复古黄铜感皮带头与羽边处理更使得质感加倍。皮带尾端有绅士鞋常见的雕花饰孔，巧妙呼应林果良品的鞋履主业。

地位的彰显

205

复古链式袖扣

复古链式袖扣体积较小，起源于真正的富人不想炫富，只愿意以低调的袖扣隐约传达家财万贯的信息。此外，因样式精巧，穿戴复杂，需要仆人协助，“不好使用”成为另类彰显社会地位的方式，具有文化感。时至今日，袖扣突显社会地位的功用早已淡化，但男士借由缓慢将袖扣自扣眼穿过的过程，仿佛实现了对现代讲求快速实用社会的优雅反叛。

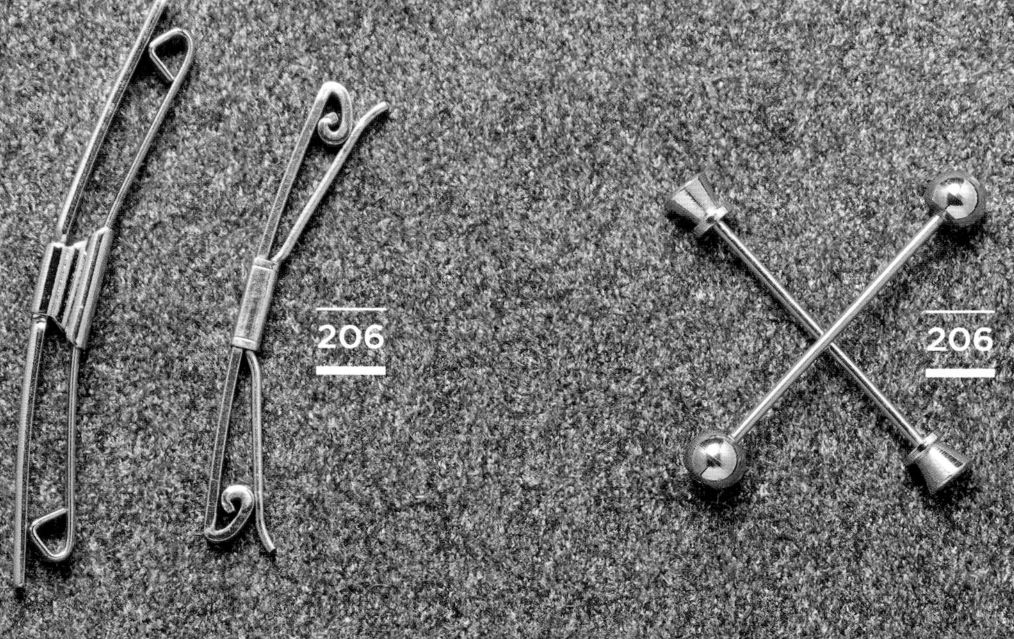

别致小物

206

复古领针（夹式 & 穿式）

三件式西装、背带、领带再搭配领针，如同回到爵士**golden age**（黄金时代）年代的标准穿着。领针分夹式与穿式，目的是将领带高高撑起，显得有型、立体。前者通过夹住衬衫两边领片将领结撑高，后者则直接从领带穿过。

207

复古领带针

领带针是传统用来固定领带的饰品小物，也可用来固定**ascot tie**（阿斯科特式领带）。在描写传统英式贵族文化的电视剧《唐顿庄园》中常可看到这种用法，在现代则常被领带夹取代。不过仍有作风老派坚持使用领带针的人，也有不少男士把领带针当作藏品，纯粹收购当装饰。如果不愿意心爱的领带有刺洞，可搭配孔洞较大的羊毛或针织领带使用。

袖上宝石

208

Tateossian / 纯银方形北京袖扣

从事金融业的Robert Tateossian（罗伯特·塔泰奥西安）想为每天面对股市跌宕的生活注入新意，于是成立袖扣品牌Tateossian。他热爱旅行，常将旅游的灵感转化至设计中，如这一款北京袖扣来自某次他到北京出差，错落的屋瓦启发了他的灵感，因此诞生了这款以纯银打造，搭配度极高的素面袖扣。

209

Tateossian / 纯银与18K金圆形陨石袖扣

以纯银与18K金为底座，内嵌经欧盟认证的真正陨石。陨石表面有矿物断裂貌，表面纹路不规则，左右袖扣亦不同。要价不菲。视觉上虽然能辨识出其优异质感，但一般人却也难以发现其原料是太空陨石，这种秘而不宣、默默闪烁、等待内行人发现的低调哲学，或许也正是最能体现绅装穿搭的乐趣之一。

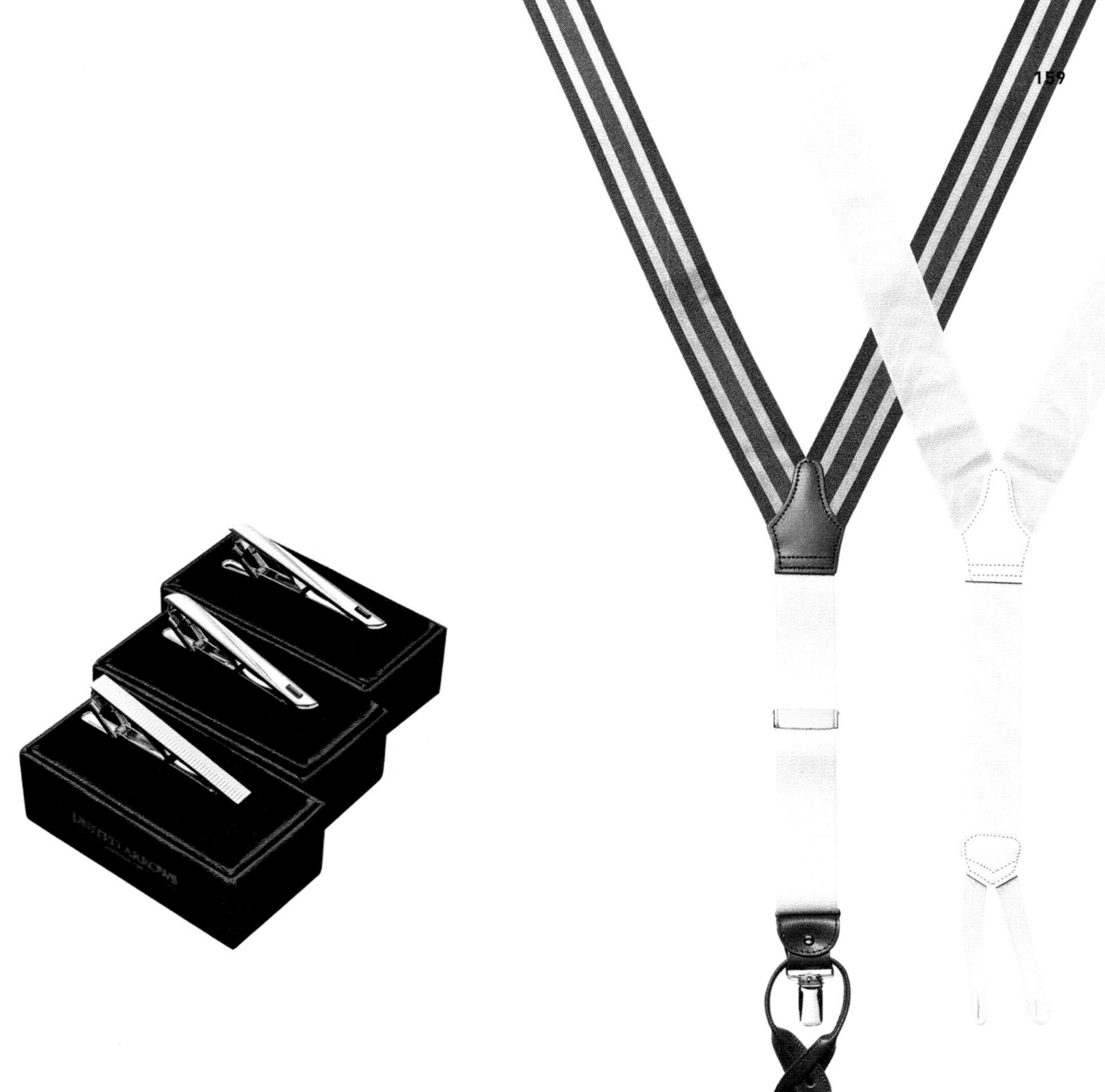

稳定西装的灵魂

210

UNITED ARROWS / 领带夹

领带是绅装的灵魂，领带夹（tie clip）是一个可以将领带固定在衣襟上的小道具。使用时须注意把领带稍微拉出立体感，佩戴的高度大约在衬衫的第三与第四颗纽扣中间，与西装胸部口袋巾的位置平行。切记领带夹的长度不要超过领带的3/4宽度。在胸部加入一点金属质感，不至于太过抢眼，算是正式场合的加分配件。

线条的趣味

211

Albert Thurston 英国制背带

亚洲男士对背带可能不大熟悉，背带其实是取代皮带的配件，甚至比皮带更好用。背带可固定裤腰高度，久坐站起来不需再拉裤子，随时保持好看的裤型线条。Albert Thurston是经典老牌高级背带制造商，使用丝质的西装面料当背带主体，比较罕见。与市面的松紧背带相比，西装布料背带与西装相容性高，质感更佳。

手表

绅士品味腕表百选

如何挑选一只具有绅士品位，又经得起时间洗礼的腕表？简单的问题，复杂的答案。时间一直都是公平的，一年365天、一天24小时、一小时60分钟。但腕表却是不公平的，有价位高低、有精确快慢、有风格之别。那么该如何挑选一只别具绅士品位的腕表？品牌力、特殊性、精准度，是三个万变不离其宗的准则。

怎么挑品牌？大型专业钟表集团如Swatch Group（斯沃琪）、Richemont（历峰集团）、LVMH（路威酩轩）的品牌可以优先考虑。因为有集团资源注入，在整体品质上有基本保障，同时售后服务皆有一定窗口响应。除此之外，不少顶级精品在近十多年涉足专业制表，例如Hermes（爱马仕）、Montblanc（万宝龙）或Louis Vuitton（路易威登），积极推出各具设计感、迥异于传统逻辑的新款腕表，同样出色出众，

值得非典型玩家关注。

至于特殊性，则比如：腕表在设计上自成一格，可能是表盘上的表现形式，或是表壳的特殊线条。像是有些腕表的造型跳脱主流，或方形，或酒桶形，或三角形，更因为其具有独特的辨识度，在服装造型上，也能为整体印象大幅增色，展现佩戴者的个人趣好。

第三选项精准度，笔者反认为可以当作参考指标，而不必绝对先行。机械表因为由齿轮组成、受到生活中无所不在的磁力影响，即便瑞士天文台认证，一天也容许机械表有-4到+6秒的误差。精准当然可以是挑选腕表的重要参考，是一种渴望、是追求，却不尽然是绝对。想分秒不差？看手机不就得了。再不然，培养守时的观念，那可比手表每天误差慢几秒、快几秒，对人生来得重要多了。

绅士的起手势

212

212

TISSOT / Heritage 1936

或许不被定位成高级品，但160多年的历史，足以让Tissot（天梭）成为值得信赖的老大哥。Heritage 1936是表厂一只1936年古董款式的复刻。46毫米的超大尺寸，配上深咖啡色皮带、黑色宝玑式指针，颇有怀表的气息。同时后底盖还可打开，让人仔细端详手动上链机芯的结构之美。

213

Hamilton / Ventura Elvis 80

对多数腕表而言，圆形是主流。然而Ventura却是腕表史上罕见的盾牌形。Ventura Elvis 80是纪念猫王埃尔维斯·普雷斯利（也是Ventura爱戴者）80周年诞辰纪念款，虽然使用石英机芯，但侧边带有弧度的蓝宝石水晶极其优美，加上42.5毫米×44.6毫米的超大尺寸，存在感十足。

214

MIDO / All Dial星期日历腕表

不到四万元却拥有“瑞士天文台认证”？大概只有获得Swatch集团资源挹注的MIDO（美度）办得到。All Dial罗马竞技场是品牌长青系列，面盘上的纹路、表壳形状，皆是从罗马竞技场的建筑结构线条脱胎而来。不到四万元的价格，有时、分、秒、日期、星期功能，在入门价位中，相当有竞争力。

215

Grand SEIKO / Hi-Beat SBGH 001

来自日本的SEIKO（精工），向来以精准、精确、细腻闻名。而他们旗下的Grand SEIKO，更是以超越瑞士天文台的精准而自负。这只SBGH 001腕表使用了高振频36 000转的9S85自动上链机芯，除了平均日差在-3/+5秒，比瑞士天文台更加严苛，表壳、表盘时标、指针的打磨修饰也异常严谨，性价比高。

216

Hermes / Arceau自动腕表

不仅是造皮件的顶级品牌，Hermes（爱马仕）从1978年建立表厂，2006年购得高级机芯厂Vaucher 25%的股份后，便脱胎换骨，晋身专业制表之林。这款Arceau机械腕表除了有名设计师Henri d'Origny（亨利·达奥里尼）设计的高辨识度马镫造型表壳，H1837自动上链机芯更是自家研发，让法国的时髦品味、瑞士制表的深邃合而为一。

217

ORIS / Calibre 111

想拥有一只造型优雅又具长动能的腕表？ORIS（豪利时）的Calibre111十日链相当值得玩味。透明的后底盖可以欣赏到品牌自行研发的机芯布局，表盘上由右至左，由动力储存、小秒针盘、日期窗，串成一条视觉的水平轴线，不是巧合，而是制表师的设计巧思。

217

浅尝腕表
工艺魅力

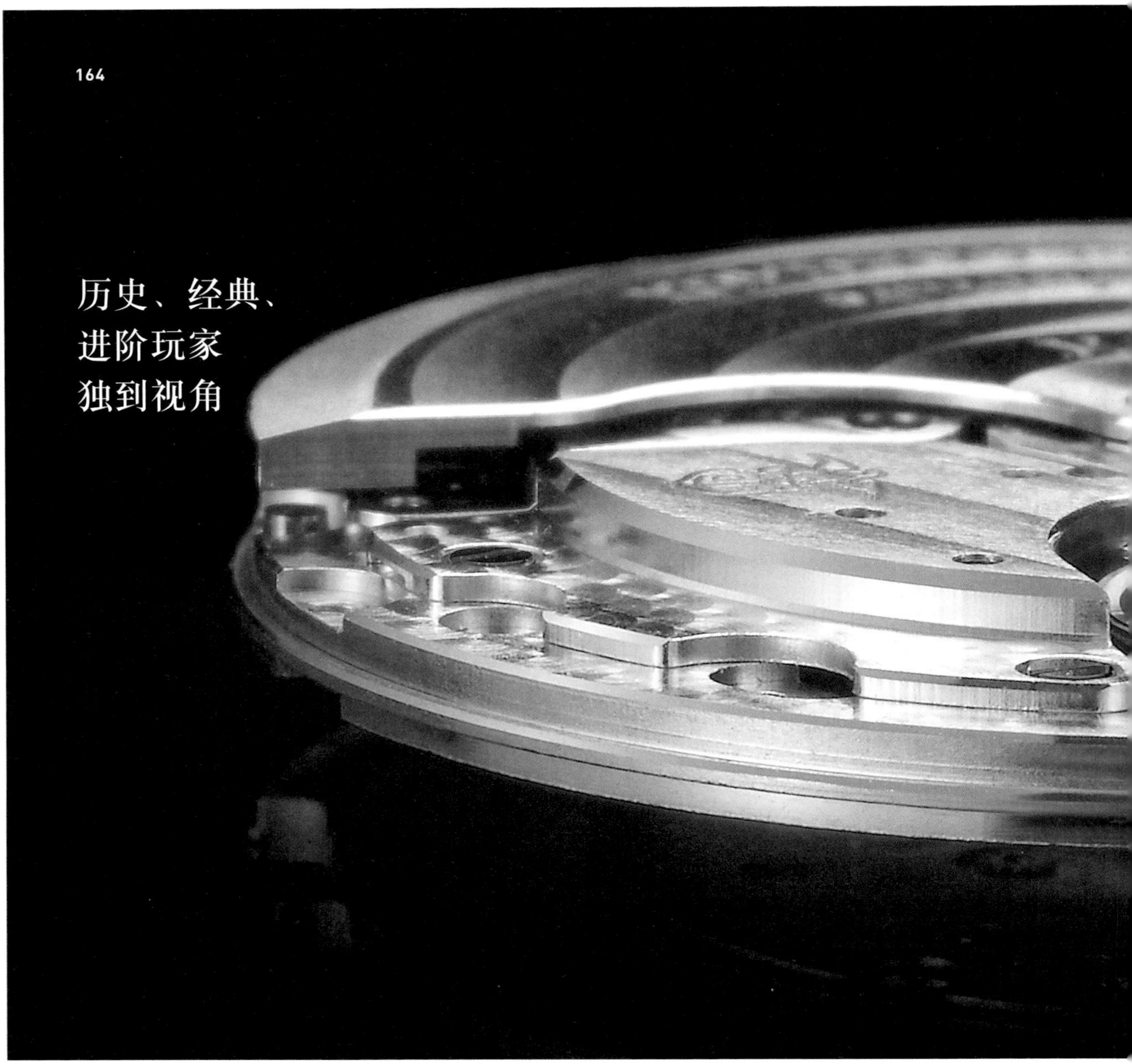

历史、经典、进阶玩家独到视角

218

Cartier / Santos 100

身为钟表史上第一只投入量产的腕表，Santos最早因飞行员的需求在1904年诞生。Cartier（卡地亚）在该系列问世100周年时发布了这只Santos 100，罗马数字时标、剑形指针、表圈上的螺丝，受到无数名人的钟爱。虽然只有简单的三针，却具备高辨识度，历久弥新。

219

Girard Perregaux / 1966大三针腕表

身为拥有200多年历史的老厂，芝柏的1966系列被资深藏家认定是最具老派绅士风范的经典款。芝柏制造复杂腕表的能力不必赘述，这款1966推出的长青款，以柳叶形指针、立体小时时标、圆点分钟刻度，展示了简约的雅士风范。有大三针加日期的功能组合。对于手表，其实我们的最基本需求莫过于此。

220

Franck Muller / 7855

提到酒桶形，Franck Muller（法穆兰）20年前以crazy hour（病狂时间）打下一片江山，于是酒桶形修长、微醺的魅力，始终在Franck Muller手里最为得心应手。这只7885七日链腕表，使用了白色珐琅表盘，加上轻微变形的复古阿拉伯数字、柳叶形指针，修长、复古，别具魅力。

221

IWC / Big Pilot 7 Days Power Reserve

军表好像总给人粗犷不羁的印象，但IWC的大飞行员七日链腕表是个例外。飞行员系列普遍具有简明易读的刻度、大型指针，而“大飞行员”的表盘则在尺寸上更扩展到46毫米。后底盖采密闭式，皮带选用意大利名家Santoni（圣托尼）的皮表带，加上抢眼的啄木鸟式表冠，质感一流。

222

OMEGA / Planet Ocean 600米

绅士不一定文静，也可以文武兼备，动静皆宜。像运动表老手OMEGA（欧米茄）的planet ocean 600米腕表，使用同轴擒纵8900自动上链机芯，还经瑞士国家计量局认证，精准更胜瑞士天文台。黑色陶瓷表圈上有液态金属刻度，潜水性能更达600米，无论海底探险、正装晚宴，都可悠然自得。

222

223

223

Jaeger-LeCoultre / Reverso Tribute Duo

长方形的腕表不算少，但积家（Jaeger）的reverso光表壳就接近100个零件，做工可谓精密至极。这只Tribute Duo双时区款式，银色面盘使用了蓝钢指针与时标，蓝色面盘则使用了银色指针与时标，斯文而隽永，并具备两地时间与日夜显示。如果一辈子只买一只长方形绅士表款，一定要买reverso。

224

224

Montblanc / Nicolas Rieussec Chronograph

想拥有一只计时码表？如果把范围锁定在二十到五十万，选择已非常多元，其中万宝龙的Nicolas Rieussec，向计时器的发明人致敬：将指针固定，让计时面盘转动，如此特殊的表现形式，极其罕见。值得一提的是，此款机芯由百年专业机芯厂Minerva研发，面子、里子，一次拥有。

STATIANER

将思考化身文字——最优雅的翻译

文具

在没有手机与电脑的时代，钢笔与手账可以说是传统绅士书写记事的必备文具。自从美国钢笔品牌Sheaffer（犀飞利）在20世纪20年代推出改良拉杆式上墨钢笔，内含墨水、可随身带着走的钢笔从此问世。它满足了人们对于书写的需求，同时也让钢笔成为可以随身携带的使用道具。到了20世纪30年代，以滚动小球作为笔尖，不需要额外蘸墨的圆珠笔开始出现，同样便于携带，使用上更为干净、简单的圆珠笔大量普及，因此推动了人们的书写习惯。虽然钢笔的全盛时代已经过去，但其独特的手感与隽永的特质，让钢笔在当代成为一个口袋上无法忽略的美丽存在。其实钢笔的实用性极高，笔尖的材质通常以质地柔滑但又坚硬的不锈钢为主流，影响书写风格的则是笔尖的厚度以及弯曲弧度。喜欢粗字的可以选用粗字B尖，细字F尖则适合书写记事。钢笔的上墨方式，可以分为吸墨式、卡式、吸卡两用式三种。最典型的是将笔尖置入瓶装墨水吸墨的吸墨式，便于节约墨水开销为其一大优势。而卡式只需更换墨水管就能轻松携带使用，但相较于瓶装墨水，颜色种类较为受限。吸卡两用式顾名思义，就是吸墨式跟卡式都能根据自己需要使用，最为方便。

如何挑选手账也是一门学问，规格是挑选手账时必须要纳入考量的重点。直式笔记本因翻页容易，较适合快速记事与备忘；横式笔记本因为可同时展示左右两页，书写内容一目了然，适合各类笔记与心情记事。此外，内页纸张普遍有空白、横纹、方格等样式，也不乏其他特殊图样。月记事、周记事或日记事的版面规划更是各有不一。手账是一个人生活、工作与思考轨迹的记录。对于装订、外皮内页与格式同等重视，方能选择最合乎个人需求的手账。

ONLINE

德国新锐品牌ONLINE创立于1991年，只有20多年历史。不同于其他百年文具老店，ONLINE锁定学生、年轻人为主要客户群，通过设计与创新，传统经典的钢笔被赋予了更多的活泼气质。商品造型年轻化、流畅的使用经验，以及德国精准工艺的落实，都是这个新品牌之所以能与传统老店做出不同的关键！

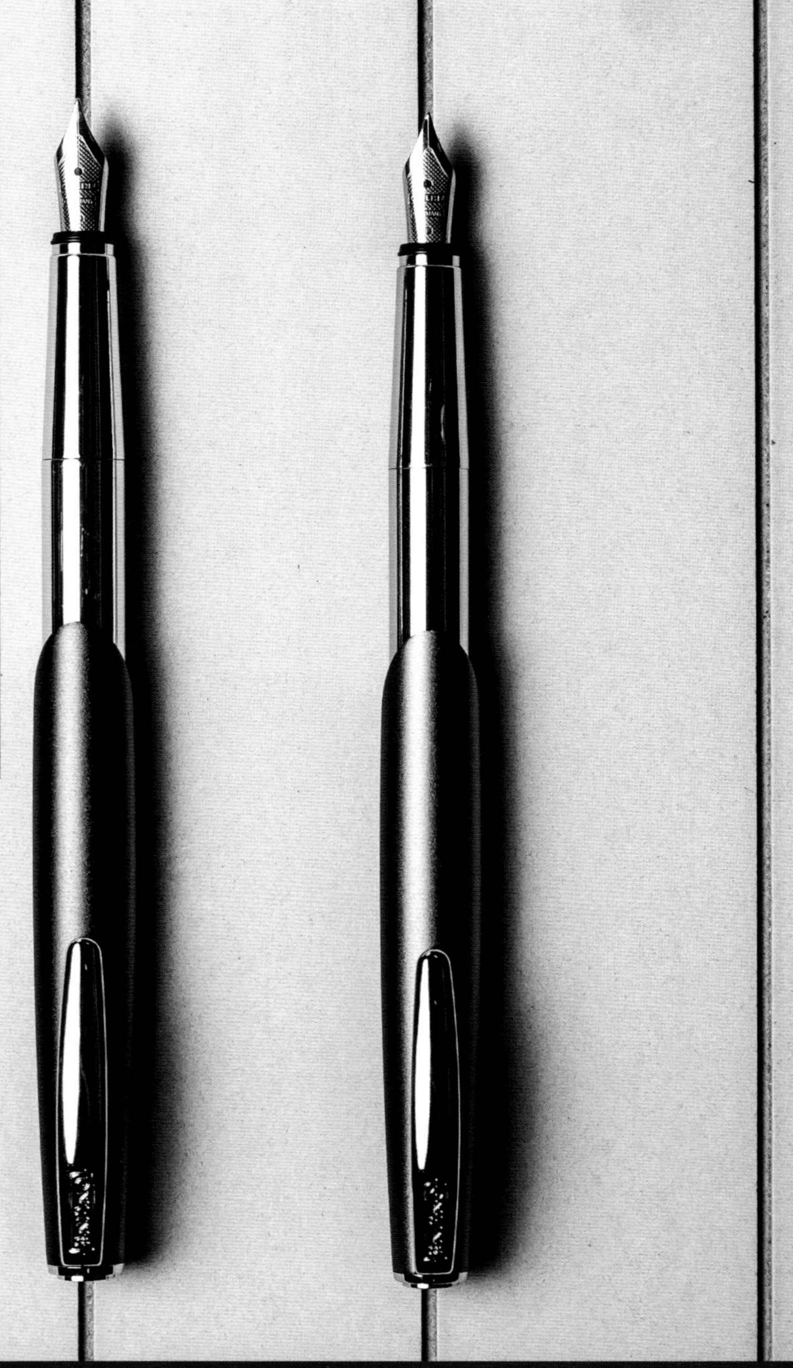

书写传统与创新

225

ONLINE / 意象钢笔 深蓝 EF尖
ONLINE / 意象钢笔 灰 F尖

德国新锐制笔品牌，因为年轻，所以没有太多包袱，设计非常天马行空。ONLINE意象钢笔的笔盖几乎包覆整只笔，属于相当罕见的设计，造型大胆创新，适合喜欢追求新样式钢笔的男士。可用卡式与吸墨两种上墨系统。

226

227

FABER-CASTELL

德国的FABER-CASTELL是世界上最早的书写工具品牌，创立于1761年，它是世界上最早的木制铅笔制造商，以石墨和彩色铅笔享誉全球，因为坚持传统原则，即使已过250年仍屹立不倒。横跨收藏等级、艺术精品以及日常实用的广泛定位，入门新手与资深玩家都能驾驭自如。

226

FABER-CASTELL / E-motion黑金刚钢笔 M尖

FABER-CASTELL E-motion黑金刚钢笔为雾黑烤漆，连笔尖也做成黑色雾面，保有整体一致性。握感厚实，笔身刻意饰以纹理，增添质感。弹性笔夹，便于插入口袋。采用现在最流行的吸墨、卡式两用上墨系统。

LAMY

1930年，在美丽的德国古城海德堡，强调功能性、人体工学、现代设计，获奖不断的钢笔品牌LAMY（凌美）诞生了。品牌创立至今已有80多年，虽然历史并不十分悠久，但LAMY坚持每一项产品皆出自海德堡，强调设计并严选特殊材质，其钢笔、圆珠笔、中性笔、自动铅笔、墨水、笔芯等产品已遍布全球主要消费市场。

227

LAMY / LAMY 2000

以德国包豪斯主义为灵感，充满浓郁现代主义设计气质的经典款LAMY 2000，自1966年推出，至今虽已满五十周年，仍维持一贯的极简流线钢笔外形。笔身与笔盖以玻璃纤维做拉丝处理，握感轻盈。笔尖则是公认软硬度最适合用来书写的14K金。不过，大部分人平常使用的圆珠笔为硬笔尖，因此用硬笔尖更上手，14K金的笔尖相对略软，反倒被视为进阶款。

NAPKIN

来自意大利，成立于2008年的Napkin，坚持意大利生产，手工制造，用设计征服了全世
由于缺乏百年积累的经验，Napkin以设计和创新作为最主要精神，除了投入资金进行产
与意大利的设计学校、设计师共同合作，开发出多款造型抢眼且兼顾现代实用功能的特殊

银色笔画

228

NAPKIN / Pininfarina Cambiano 浅灰

此款“无印笔”，是Napkin与以设计法拉利闻名的汽车设计公司Pininfarina（宾尼法利纳）联手
为灵感的笔款。最特别的地方在于此款无印笔不需要墨水，笔芯为带银成分的金属，直接在纸上书
画痕迹。无印笔的设计灵感来自文艺复兴时期，使用无印笔犹如回味达·芬奇时代的文人情怀。此
盒，可直接当笔座使用，很适合作为书桌摆饰。

229

Caran d'Ache /
Ecridor Retro Guilloche · 复古麦纹

CDA为瑞士钢笔品牌，其设计的色彩笔举世闻名。在设计此款钢笔笔身时，融入瑞士傲人制表工艺，以高级钟表常用的菱形刻纹呈现，而六角型轮廓笔杆，展现出几何造型的艺术美感。吸墨与卡式墨水通用。

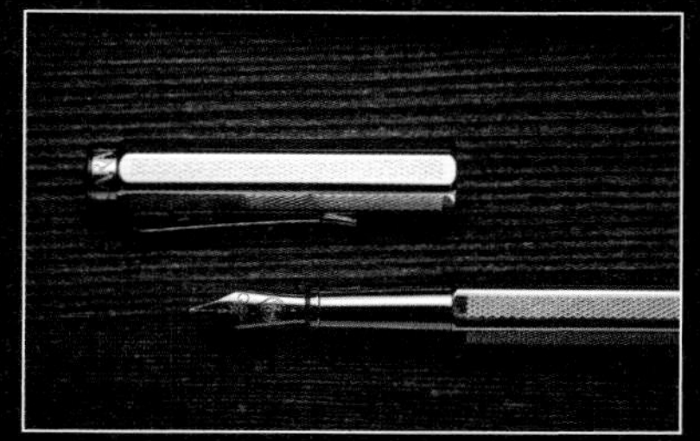

230

YARD-O-LED /
Victorian Pencil维多利亚铅笔 葡萄藤

承袭英国200年的制笔工艺，YARD-O-LED维多利亚铅笔以925纯银打造，笔身上也不吝展示享有国家级品质保证的荣耀印记。精致的葡萄花纹为手工雕刻设计。共12只1.18毫米的笔芯呈环状藏于笔身内，像是蓄势待发的子弹。使用时需手动转到理想笔芯长度，犹如在书写前进行一场礼赞仪式。

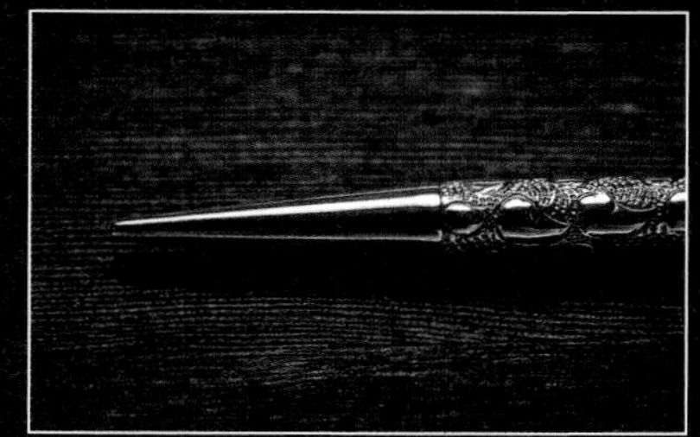

231

NAPKIN / Pretiosa · 银璀璨版

璀璨版无印笔以铝材质为笔身，并由拥有顶尖工艺的意大利工匠手工制造，让Napkin永恒系列无印笔璀璨版超越原本的铝质，呈现出犹如钻石般闪闪发亮的华丽笔身。同样是带银成分的金属笔尖，需特别注意，特殊笔尖颜色偏淡，追求书写时墨水颜色明显的男士不太适用。

Kaweco

Kaweco是创立于**1883**年的德国文具老品牌，**80**年前即开发出第一支可以放进口袋，方便携带的钢笔。旗下的**Sport**系列更是重点商品，小巧便携的设计让钢笔从原本的办公室情境延伸到户外。品牌标语"体积虽小，成就无限"也反映了**Kaweco**力求创新的设计思维。

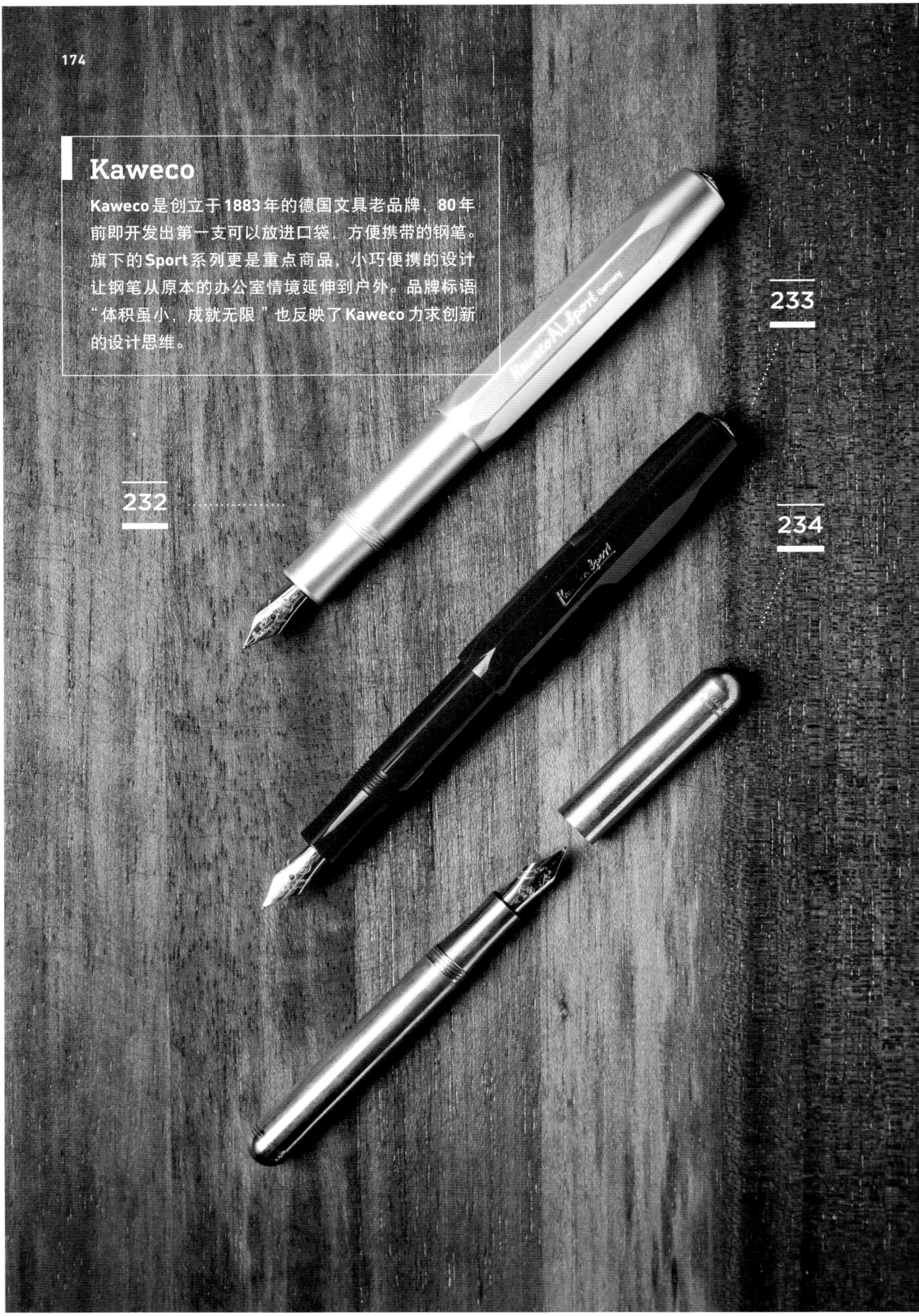

233

232

234

体积虽小，
成就无限

232

Kaweco / AL Sport系列钢笔 金属原色F

德国百年笔厂Kaweco推出的AL Sport系列，铝材质，合盖后笔身只有10.3厘米长，相当轻巧，为罕见的袖珍笔款。不习惯拿袖珍钢笔的男士可将笔盖插在笔杆上，增加笔身长度至12.6厘米。经典八角造型让钢笔静置时不易滚动，增添优雅。

233

Kaweco / CLASSIC Sport系列钢笔 蓝F

强化塑料材质让Kaweco CLASSIC Sport在颜色上多了很多变化，笔尖一般有四种尺寸，由粗到细分别为B、M、F、EF，西方人多选择Medium（中号），而中文字笔画较复杂，国内男士多选择Fine（细尖）。

234

Kaweco / Lilliput轻巧系列钢笔 黄铜F

比Kaweco AL Sport系列更迷你精巧的笔款，命名灵感来自《格列佛游记》中的小人国Lilliput，全长仅9.7厘米，便于放置口袋携带。黄铜材质的笔身容易氧化，却也因此带来岁月痕迹的独特韵味。平时可用擦拭布沾铜油保养。

PILOT

辨识度极高的日本文具品牌PILOT（百乐）创立于1918年。成立于第一次世界大战结束后的百乐，是日本第一家积极拓展海外市场的文具公司。品牌创业初期，百乐的商品定位比较偏向奢侈精品，譬如1930年《限制和削减海军军备条约》的签署便使用其钢笔，百乐也因此声名大噪。随着品牌规模愈渐壮大，产品愈趋多元，平价实用的文具形象也因此深植人心。

轻熟男
钢笔入门

235

PILOT / Justus 95

PILOT Justus 95充分展现日本人的细致情感，笔尖设计相当杰出。握位设有转环可控制笔尖压片，借此调整书写软硬与粗细度：转至H时，舌片被压住，笔尖较硬，适合写汉字；转至S时舌片松开，有弹性，可写出如毛笔般的效果或着色，喜爱绘画的男士定会爱不释手。

CROSS

1846年，Richard Cross（理查德·克罗斯）在美国罗德岛创立CROSS，超过167年的品牌历史累积，CROSS在全世界拥有25项关于笔的专利。美国总统奥巴马上任时，在就职典礼上便使用了CROSS Townsend黑珐琅笔，追求经典与优良质感的CROSS也因此有了“总统笔”的称呼。

236

CROSS / Classic Century II新世纪黑亮漆钢笔 适用卡水

CROSS Classic Century系列笔身细长，以金属笔杆搭配黑亮面烤漆。采用圆锥状的笔夹，是CROSS的独特标记，属于行家才看得懂的门道。笔尖为不锈钢镀金，糅合纤细花纹，并标志笔尖粗细，易于辨识。

日本HIGHTIDE手账

1994年成立于福冈，品牌名为“满潮”的意思，象征希望随时充满活力与朝气。HIGHTIDE手账的特点在于，除了基本款的设计更新之外，封面的质感与设计非常多元，清爽的麻质或是优雅的皮革等各种特殊封面，每年都会变化出不同的创意与趣味设计。

日式风味的生活纪实

237

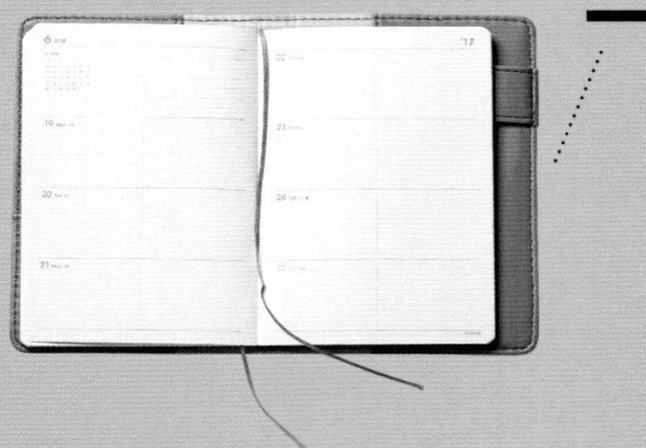

238

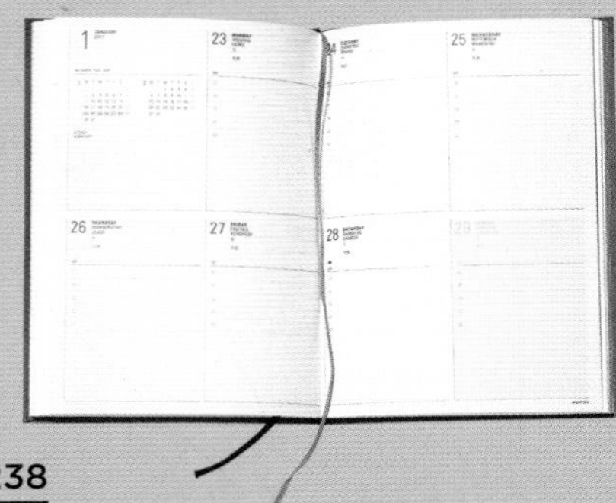

237

HIGHTIDE / HIGHTIDE Diary A6 Block NA　Lepre

日本知名文具品牌HIGHTIDE，对手账的细节要求极高。HIGHTIDE Lepre选用米色纸张，格子颜色刻意采用淡灰色，不易造成阅读负担。考虑到使用者会提前挑选明年要使用的手账，日期安排自当年十月起至次年十二月止，让使用者拥有顺畅的手账转换期。

238

HIGHTIDE / HIGHTIDE Diary B6 Block NY　Worter

HIGHTIDE Diary Worter外皮由海军蓝塑胶套烫金而成，像本精装小书。内页格式为横式，一周2页，无瑕的纯白纸张，满足对白色莫名狂热的使用者。手账本身没有笔环设计，但可加购粘贴式笔环以扩充功能。

239

HIGHTIDE / HIGHTIDE Diary　B6 NarrowMonthly NQ

手账以亚麻材质封套完整包覆，看起来非常有休闲感，特别是以红色刺绣点缀，在细节展示用心。封套设有拉链，具有收纳功能，可放置笔、尺、便条纸等文具。内页只有月计划的设计，每月之间有check list表格，让使用者便于掌握每月进度。

239

Leuchtturm

1917年在德国汉堡成立，其所出品的搜集册，百年来守护着欧陆百姓的邮票、钱币。Leuchtturm 1917的特点在于坚持使用书签带与线装的装订方式，并使用不透墨纸张，钢笔书写也不会渗透。另外还编入页码，方便查找。虽为百年老店，但仍年年加入新色，增添风尚感，赋予经典笔记本全新生命。

240

241

德国工艺的纯粹之美

240

Leuchtturm 1917 / Week Planner / Master 黑色

31.5厘米×22.5厘米的手账，面积偏大，摊开查阅记事一目了然，适合放在桌上使用。内页一周两页直式，附有格子纸，写字时可将格子纸垫在纸张下面，写字更工整。建议再搭配一本可随身携带的手账交替使用。

241

Leuchtturm 1917 / Weekly Planner / Pocket 军绿色

1917生产的Leuchtturm 1917 Weekly Planner（周计划）手账，有着无可挑剔的德国工艺做保障。硬外皮采用仿皮质纹理材质，可加压印打造个人特色。内层小口袋可置放票等小物件。手账还特别列出节日对照表，包括农历新年、中秋节等重要假日，便于使用者规划假期。

ほぼ日手账

由日本作家糸井重里主宰，诞生于2001年的ほぼ日手账（HOBONICHI），日文语意为“几乎每天”的意思。品牌每年都会听取使用者的建议，针对内页格式进行改良。内页的设定为一天一页，可180度摊平轻松书写，且使用巴川纸，适合书写绘图。每本手账皆有独一无二的制造序号，每年还会与设计师或跨界品牌联名推出特殊封面。

242

日本艺人
钟爱的文青品牌

242

ほぼ日手账 / Colors Royal Blue

ほぼ日手账内页采用一天一页格式，并带动手账界“一天一页”的设计风潮，在日本演艺名人圈拥有超高人气。由平面设计师佐藤卓设计内页方格，经过年复一年的修改，终于成为现在的版本，内页方格使用灵活度高，直书横书皆可，不似直线条纹般受限。每日页面下方都有小格言，传达人生智慧，后来还推出英文版，方便海外使用者阅读。ほぼ日手账Safari手账的封套有很多夹层与口袋，精致实用，封套可单售。

MOLESKINE

Moleskine（魔力斯奇那）是两个世纪以来欧洲艺术家和知识分子所用的一种笔记本类型，简洁圆形书角、橡筋箍环以及可伸展的封底内袋都是它的辨识特征。成立于**1997**年的**Moleskine**公司推出了一系列笔记本、日志、工具本、包袋等阅读配件产品，经典复刻的造型及与时俱进的创新使得品牌受到了文学及艺术界人士的喜爱。时至今日，**Moleskine**笔记本仍是专业人士最信赖的经典品牌。

知识分子
经典记忆

243

MOLESKINE / Ruled Soft Notebook XL

传奇笔记本款式，作家海明威、画家凡·高都爱用。外皮为仿鼹鼠皮，早期为硬皮材质，后来为满足众多消费者的不同需求，又推出软皮材质。**MOLESKINE Ruled Soft Notebook XL**长宽为**25**厘米×**19**厘米，提供更多文字书写空间，适合摆在家中或公司。

243

244

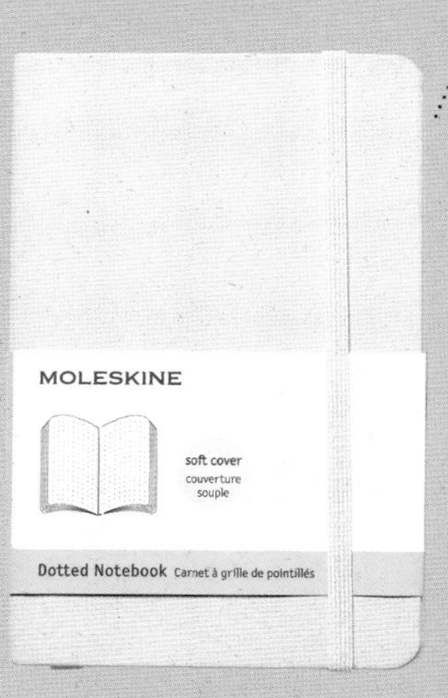

244

MOLESKINE / Dotted Soft Notebook P

拥有数本不同尺寸的手账其实是件正常的事，可满足多样记事需求。**MOLESKINE Dotted Soft Notebook**手账内页由黑点构成，使用者可自己将黑点联结成直线作为格线，书写更有弹性。

245

245

MOLESKINE / Art Cahier Sketch Albums Plain P

MOLESKINE Art Cahier Sketch Albums系列单价较实惠，封面为黑色厚纸板，内页特别选用素描纸，并采用缝线装订，只要沿着虚线，每页都可直接撕下，方便使用者保存并整理绘图作品。素描纸特别适合铅笔、马克笔、炭笔书写，很适合预算有限，或有特殊需求，如从事设计、绘画相关的学生与专业群体。

246

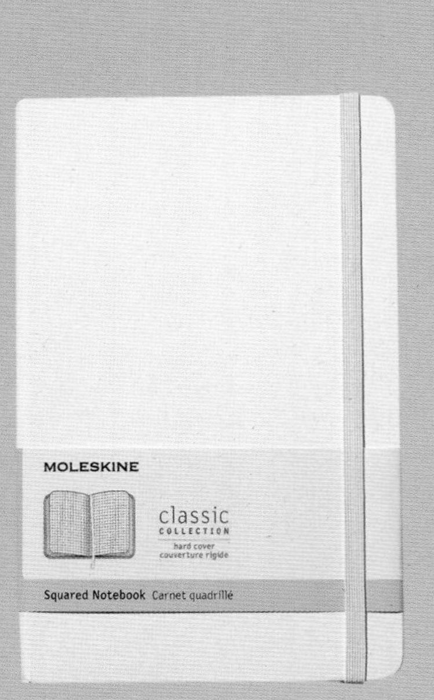

246

23 MOLESKINE / Squared Notebook L

大胆采用新颜色，力求突破，但经典的圆角硬壳设计、束绳、扩充式内袋一样都不少，同样很幽默地印有失物招领空白栏。内页方格每格为**0.5**厘米见方，特别适合理工科学生画数学公式，或是怀旧男士做收藏薄，能将电影票根、车票有条有理地对齐格线贴平。

247

MOLESKINE / Ruled Reporter Notebook P

经典横条笔记本有两种尺寸，特别推荐14厘米×9厘米的规格。因可单手握持书写或单手翻页，不但便于携带，摆在桌上也不占地方。其软皮设计，让你在外出采访、事件现场或是灵感将至时，可轻巧地将它收入口袋。内页附有经典横条直线，特别适合需要快速灵活记录灵感的文字工作者。

248

MOLESKINE / Plain Reporter Notebook P
MOLESKINE / Plain Reporter Notebook L

内页的格式与Ruled Reporter Notebook完全相同，但移除了经典的横条直线，改为素面内页。素面的设计发挥空间大，除了文字记述，也很适合用来描绘地图、街道等速写。此款经典素面直式笔记本，同样拥有14厘米×9厘米与13厘米×21厘米两种尺寸。

HAIR, SHAV
& GROOMIN

内外兼修的风格

修容用品

剃须流程、梳具挑选、发油使用、古龙水搭配，重点在于体验日常生活中的美好细节。以男人必会的剃须为例，剃须前便可先涂抹“须前油”软化胡鬓，接着以“胡刷”沾剃须皂或剃须膏起泡，再开始手动剃须。剃须皂或膏有润滑作用，还能提供护肤功能。不因早上赶着上班，而省略了日常中的美好，或许就是绅士的起点。

关于用具，则更有讲究的学问。除了大家熟知的抛弃式剃须刀（disposable razor）以及电动剃须刀（electric razor），常见的剃须刀还可再分为可替换式剃须刀（cartridge razor）、安全剃刀（safety razor），以及（理发店用的）折叠剃刀（straight razor）。剃须后的保养，也是一种美好的实践。须后水通常含酒精，适合喜欢清凉感的男士使用；须后乳则相当温和，不会产生刺痛感。若有蓄须，可再用胡子油保养胡子；若需要做造型，使用胡子蜡展现自我风格。

发型更是绅装风格的一大重点。发型产品大致分为发油（pomade）、发泥（clay）与发蜡（wax）。亚洲男士多崇尚自然无光泽的发型产品，发泥的雾面质地，加上可打造线条自然、蓬松的贝克汉姆发型，让许多男士乐于使用。而发油类单品也不遑多让，水性发油改良自油性发油，结合油性发油重复塑型、定型强的优点，再加上洗发时按一般程序即可洗净，也有一票热爱梳服帖、整齐复古油头的男性粉丝。

ING

G

* 发品顾问：LUSSO Hair Salon/Taylor

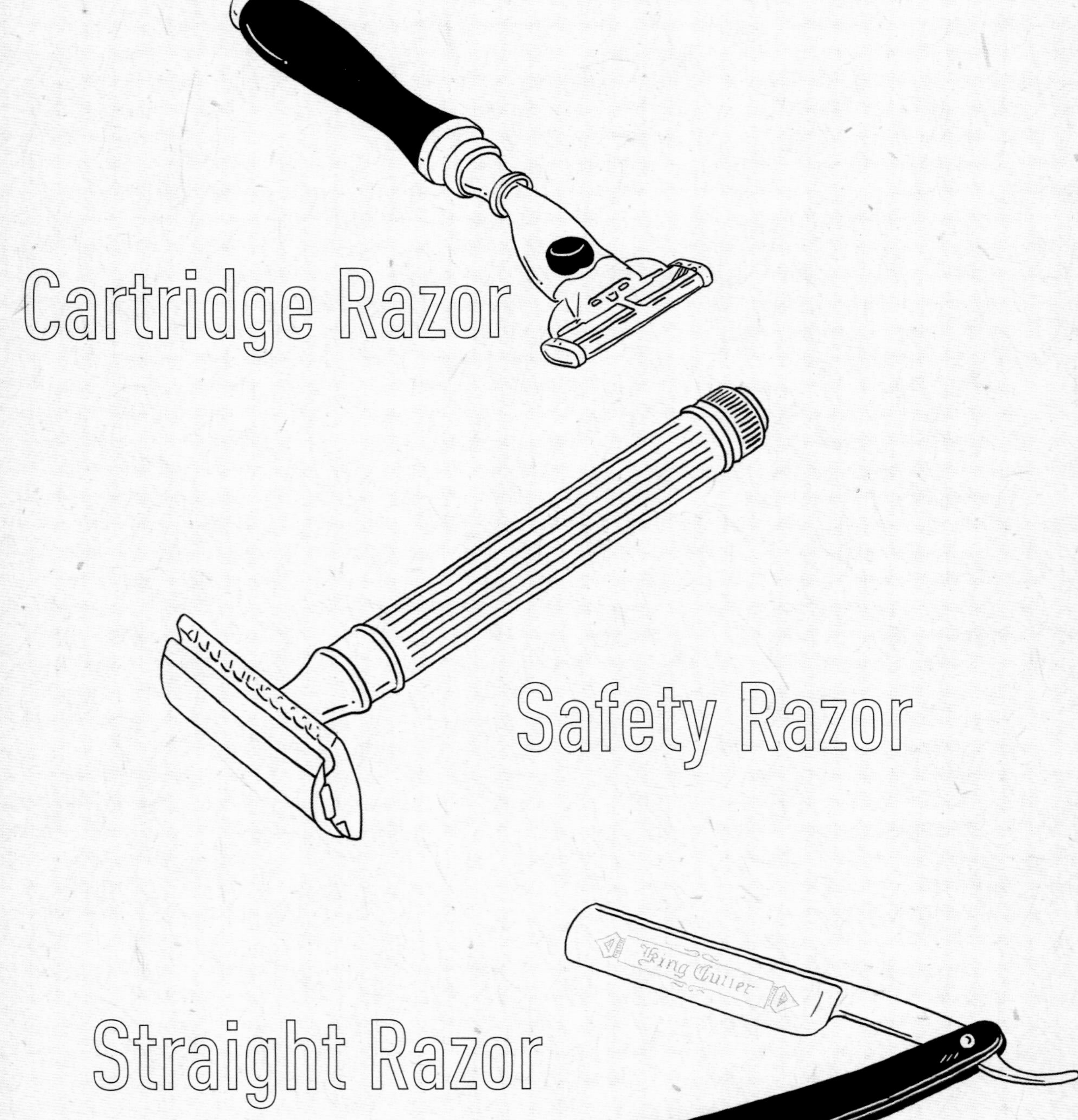
Cartridge Razor
Safety Razor
King Cutter
Straight Razor

剃须刀分类

可替换式剃须刀（cartridge razor）

近年来，随着怀旧风潮盛行，许多男士舍弃电动剃须刀，改采手动剃须，以慢时光细细体会男人才懂的剃须乐趣。可替换式剃须刀比电动剃须刀更容易根据脸部线条改变角度，剃须更彻底，更好造型，胡子多的男士尤其能体会。而且使用时也不易刮伤皮肤，相对安全。

市售开架的可替换式剃须刀，刀柄大多为树脂材质，放在浴室或长期使用后，刀柄的缝隙容易堆积水垢。因此市场上出现了同样是可替换式，但刀柄使用牛角、木头、仿象牙、塑料等不同材料的剃须刀。由于各家柄的重心、造型、质感各有不同，男士可依据个人手感挑选心仪的剃须刀，满足个人使用习惯。不过可替换式剃须刀，通常仍对应剃须刀大厂的标准规格，三刀头的刀片只能搭配三刀头的刀柄，无法与五刀头的刀柄相互替换。因此在选购前，仍须先确认其对应的刀头是否符合自身需要。

安全剃刀（safety razor）

安全剃刀又称传统剃须刀，搭配轻薄锐利的刀片，是长辈们的最爱。根据刀头露出的方式，还可再分为单刃（single edge）与双刃（double edge）两种类型。因双刃刀头轮流刮左右脸较便利，加上不必像单边刀头需常常替换，成为男士的普遍选择。

依其放置刀片的方式不同，可再分为三件式（three pieces）与旋开式（twist to open），前者可将刀身拆成三组零件，将刀片卡在孔洞固定，后者则可将刀头打开直接放置刀片。刀柄同样有金属、树脂等材质，刀片为国际通用，不需担心尺寸不合。不过，“安全剃刀”之名乃英文之直译，其实在使用上并不保证绝对安全，因其刀片外露，不小心会仍刮伤皮肤，使用需特别留意。

折叠剃刀（straight razor）

对许多男人来说，用折叠剃刀剃须，充满了复古潇洒的危险气质。折叠剃刀主要分为磨式、夹式与推式，磨式折叠剃刀需使用专用磨刀牛皮，让刀片保持锋利，夹式及推式则采用半月式刀片（half blades）。

由于折叠剃刀非常锐利，危险性高，其实一般不建议自行使用，不过随着近年绅装、复古气质的复兴，被折叠剃刀阳刚特性吸引的人开始增加，愈来愈多男士开始挑战用折叠剃刀修容。折叠剃刀优点可说零死角，是剃须产品中最适合用来做造型的一种，可细修胡鬓轮廓，还可以修整头发，创造流畅线条感，甚至可以雕塑出星星、闪电等特殊图案。不过，其危险性与失误率也相对更高，若没十足把握，还是建议由专业发型设计师代为操刀。

Murdock London

2006年，来自爱尔兰的Brendan Murdock（布伦丹·默多克）在伦敦开立了第一家Murdock London店铺。现代化的设计但又具有老传统的灵魂，新旧交融的服务定位，让Murdock London快速获得市场欢迎。作为伦敦备受追捧的高级男士理发圣地，Murdock London也以自行研发居家护肤产品、工具和配饰而闻名。产品全为英国制造，令品位型男们在家也能自行体验英式剃须工艺与护肤时尚。

249

Murdock London / Turner Shaving Set · 剃须刀组

此款顶级剃须三件组，全程于英国手工打造，设计风格优雅，且质地出色。除了绅士自用，更常与起泡碗搭配，作为淑女送礼的首选组合。剃须刀组有黑、米两种颜色，内含剃须刀、獾毛胡刷，以及剃须工具置放架。替换式剃须刀设计，可对应Mach3（锋速3）刀头，使用獾后背毛制成的胡刷质感细微滑顺，敏感肌肤也能舒适应用，并能打发最绵密细致的泡沫。

249

250

250

MURDOCK LONDON / Shaving Bowl with Handle · 黑色起泡碗

此起泡碗的造型，由英国理容老牌Edwin Jagger（埃德温·贾格尔）所设计。上宽下窄的设计，方便胡刷搅拌。起泡碗由陶瓷制成，坚固且造型亮丽。缓步走入浴室，从容起泡剃须，简单朴实的质感好物，交换的是每日一时半刻的自在心情。

251

Taylor of Old Bond Street / No.74 Mach 3 Razor Black · 入门款剃须刀

美国高端修容品牌推出的剃须刀，黑色亮面树脂握柄，线条流畅，设计精美，手感厚实不沉重，与一般市售塑胶剃须刀相比，久置浴室也不会藏污纳垢。可搭配吉列锋速3（Mach 3）刀头，只要轻推即可替换。由于刀头可更换开架式规格，价格相对经济，属于入门款式。

251

253

252

253

Captain Fawcett / Ricki HallBooze & Baccy Moustache Wax · 联名胡鬓造型蜡

蓄须文化中的顶级明星产品，以英国船长失传百年的保养配方闻名。与英国模特Ricki Hall（里奇·霍尔）联名推出的胡蜡以蜂蜜烟草香为基调，混合了乳香、枫树香以及橡木的多层气息，同时具有极强的定型力，可以随时塑造出胡须线条，制造发鬓律动感。

剃须
方法学

254

252

Parker Shaving / Sandalwood & Shea Butter Shave Soap · 檀木精油剃须皂

此款经典檀木香剃须皂，气味可镇定心神，内含乳木果油，可润滑肌肤，让脸部更为滑顺，剃须时也一并滋养脸部肌肤。

254

Parker Shaving / Parker Push Type Barber Razor · 推式剃刀

折叠剃刀剃须虽然帅气，但其实相当考验使用者技术，大部分人只会用来修整眉毛或杂毛。毕竟折叠剃刀的使用需要注重安全，操作时要注意角度、细心操作。此款不锈钢折叠剃刀采用推式刀夹，类似美工刀式的推式刀夹，可以简单滑推剃刀刀片，造型格外帅气，令人爱不释手。

Parker Shaving

以传统剃刀起家， 创立于1973年的Parker Shaving，一直是剃须刀的代表品牌。除了经典的刀具，品牌更延伸出其他剃须相关产品，如剃须碗、剃须皂等。

Truefitt & Hill

创立于1805年的Truefitt & Hill，是英国历史悠久的男士理发店，一直是英国贵族与名流偏爱的专属店家。百年手艺与口碑积累，让它的品牌商品深获好评。Truefitt & Hill强调将男性日常理容转化为传统与品味的操作，其推出的刀具、胡刷等修容产品，皆于英国手工制作，承袭百年师匠工艺，深受经典绅士喜好。

255

256

看不见的风尚

255

Reuzel / After shave · Reuzel 须后水

有些男士剃须后会忽略保养步骤，其实每天剃须容易让皮肤变得脆弱，须后产品可收敛肌肤，甚至提供胡鬓养分，建议须后水或须后乳至少择一采用。荷兰男士发廊名店Schorem推出的自家品牌须后水，质地清爽，散发柑橘香，不分年龄皆可使用。

256

Truefitt & Hill / West Indian Limes Shaving Cream Tube · 西印度青柠剃须乳

按传统来说，经典的剃须膏香味以木香或檀香为主，沉稳的木质调香气，可以传达稳重且自然的气质。此款乳液以西印度青柠（west indian lines）为基调，散发清爽香气。正统英式作风讲求繁复步骤，有一种难以抗拒的魅力，重视细节的男士不妨多留意英系品牌推出的产品。

257

257

Taylor of Old Bond Street / Styptic Pencil · 明矾止血笔

剃须时，偶尔不小心刮伤肌肤，只要以祖传妙方，由明矾制成的止血笔轻巧滑过就能快速止血。记得受伤时就要尽早擦抹，待伤口止血消毒再轻拍须后水、须后乳等保养用品。止血笔使用后别忘了清洗，可重复使用。

258

259

剃须保养
一次完成

258

MURDOCK LONDON / Pre-Shave Oil · 须前油

Murdock London的须前油是其明星商品之一。须前油可以视为剃须的前奏，使用须前油的目的主要在于软化毛囊，同时也滋润肌肤，增加保养的效果。此款须前油含有甜杏仁油、小麦胚芽、佛手柑等天然成分，在剃须前按压3至5滴保养油，可帮助绅士软化毛囊，降低刀片的刺激性。

259

MURDOCK LONDON / Post-Shave Balm · 须后保养霜

此款保养霜加入甘菊、金盏花精华，能修护肌肤、消炎及抗菌，其中金盏花精华也可帮助止血，薄荷醇则可消除刺痒感。使用须后保养霜，除了可以减少刮完胡子的刺痛感，帮助毛孔收敛，也具有附加保养作用，不同于传统乳液的油腻感，舒缓清爽的质地，让剃须后的男士们有耳目一新的振奋感觉。

260

Taylor of Old Bond Street

创立于1845年，是英国剃须膏的代表品牌，品牌强调经典英式风格，既要维持低调优雅，也要兼顾优秀的品质。其剃须膏加入天然草本配方，力求从传统香气中延伸出不同风味与创意的层次感，也让这个百年品牌，虽然立基传统，但仍能不断吸引新时代绅士的喜爱。

定义熟男风味

260

Taylor of Old Bond Street / Sandalwood Shaving Cream · 经典檀香剃须膏

不知道该如何挑选剃须膏的香气？“檀香”可说是剃须膏味道中最经典也最具代表性的气味。木质地的气味，带有清雅、舒缓的味道，由于木香不会让人感觉太过刻意，同时也具有低调的男子性格，通常是传统绅士的首选气味。Taylor of Old Bond Street是百年品牌，其配方遵循家传古法，以檀木、广藿香与香根草为基底，前调带有天竺葵、薰衣草与迷迭香的味道。使用后脸上充满了多层次的清雅淡香，心情也随之舒缓。用手或胡刷打泡涂抹皆可，若使用胡刷，可先打湿再使用。

261

Suavecito Pomade / Suavecito Premium Blends Pomade · 油水混合改良式发油

水洗式发油的革新引爆了当代发油产品百花齐放的变化性，在兼顾方便清洗与塑型效果的前提下，Suavecito推出的新一代产品，重新召唤了油性发油的复古DNA。兼容传统油性发油抗湿热与新式水性发油易清洗的优点，手感细腻，重塑力高，使用后发色呈现自然雾光，散发薰苔香调，适合表现成熟稳重的男士风范。

261

262

263

MURDOCK LONDON / Repairing Lip Balm · 男士护唇膏

Murdock London男士护唇膏含牛油果、杏桃、蔓越莓及金丝桃萃取精华，并具有薄荷香气。乳木果油、可可脂及羊毛脂成分可以帮助嘴唇保湿，避免水分流失。轻轻一抹，翩翩绅士的嘴唇便可看起来健康而有光泽。

263

嗅得到的品位

262

MURDOCK LONDON / Shave Cream · 剃须膏

使用须前油之后，便可开始起泡。此款剃须膏以月见草油、琉璃苣油和绿茶作为配方，成分天然，适合敏感肌肤使用，搭配胡刷与起泡碗使用，可打出柔软绵密的泡沫。抹上起泡后的剃须膏，可以让绅士的皮肤在剃须时更为光滑，清洗后仍留有柑橘调微微的香味，让人精神大振。

264

265

率性绅士的另类趣味

264

Mr. Longbeard (MLB) / Beard Growth Cream · 天然草本大胡膏

男人是否蓄须给人印象差距颇大：同样一个人，清秀奶油小生可能因改留满脸胡楂而充满野性男人味。这使得育胡文化逐渐受到关注。然而，亚洲男士的须量毕竟不及欧美人士茂密，想留出一脸帅气大胡的绅士们，便会需要育胡膏等相关助品了。此款**Mr.Longbeard**育胡膏，采用自然草本配方，除了胡子，也可使用于鬓角、额头及眉毛等部位，每天早晚洗完脸后，取少量均匀涂抹至完全吸收，以刺激毛发生长。

265

Detroit Grooming Company / TYPE 313-9毫米 GUN SOAP · 薄荷竹炭手枪肥皂

以92式手枪为原型，**Type 313-9**毫米手枪肥皂造型大胆有趣，摆在浴室让人联想到主人童心未泯，适合追求怪奇设计、喜欢另类事物的男士。内含薄荷成分，使用后神清气爽。气候潮湿地区购买后发现些许水珠为正常现象，不必担心。

随身施展
气味魔术

266

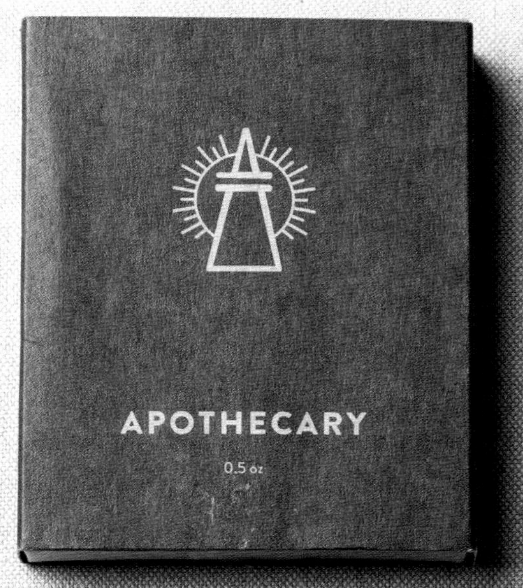

267

268

266

The Apothecary Malaysia / Cornerstone · 基石固态古龙水

“基石”代表的是纪念碑或建筑物的第一块石头，可以说每一块石头都是围绕着基石而建造的，它是最必要也最主要的基础。在这里，基石的所指可能是一位老板或是领袖。品牌认为这款古龙水的气味代表了温暖诱人的意象，配方中加入了广藿香、檀香、雪松木、一点香草以及辣椒粉，表现出木质调成熟、大气、温暖的亲切香味。使用时可以指尖蘸取涂抹于手腕内侧、耳后使用，独特时尚香气，增添成熟与时髦并存的男性魅力。

267

Alfred Lane / Vanguard · 先锋

配方添加乳木果油，具滋润效果，滑盖式外壳方便取用。精巧包装，如火柴盒般大小，可放置口袋中。品牌针对不同情境推出不同香气，此款“先锋”气息以木质香为主，展露男人冒险精神，是同品牌回购率最高的人气商品。

268

Alfred Lane / Bravado · 自信

有些人不喜欢液态古龙水过于强烈的味道，固态古龙水推出后，成为男士的新选择。此款“自信”味道偏沉郁，却又不至于刻意，适合下班约会使用。记得不要放在汽车内，高温的地方可能导致固态古龙水熔化、气味走样。

古老品牌的清新出击

269

Taylor of Old Bond Street / Jermyn Street Collection Alcohol Free Aftershave Lotion for Sensitive Skin · 杰明街古龙水

杰明街是一条集结多家绅士服名店的著名街道，Taylor of Old Bond Street取地点为产品命名，从名称上玩味产品与绅士意象之间的关联性。此款香水不含酒精，特别适合敏感肤质的绅士。前段呈现天竺葵花蕊加入佛手柑、柠檬、青柠与薰衣草香气，基调则取麝香、广藿香和香草风味。适合有生活品位，追求复古情调的男士。效果清爽，让人感受到老品牌的诚意与贴心。

270

Taylor of Old Bond Street / Eton College Collection Gentleman's Cologne · 伊顿公学古龙水

曾经，古龙水与上一代人画上等号，但在台湾近年开始流行正装后，许多男士不再追求新潮，反倒回头追寻隽永、经典的味道，造就古龙水复兴浪潮兴起。伊顿公学是英国最著名的男校，此学校从创立至今已有超过500年历史。许多王室成员都是此学校的校友。此款伊顿公学古龙水是为了纪念品牌曾于此贵族校内开设理发店而调制，融入花卉与果香，使用后散发大方、高贵的迷人风范，搭配正装再完美不过。

Groomarang™

来自英国的创新品牌Groomarang™主攻绅士胡须的梳理用具。男人的胡须就像他们的发型，同样能变化出不同的造型。由于市场上的胡须梳具选择相对较少，Groomarang™特别开发的胡须梳理相关工具，可说是胡子绅士们的一大福音。

271

胡子绅士的
工程用尺

271

Groomarang™ /
Groomarang Beard Styling and Shaping Template Comb · 胡鬓多功能模板梳具

专为胡鬓茂密的蓄须男士推出的多功能模板梳具。让脸颊化身工程蓝图，集合多种用途的模板，方便胡子绅士对着镜子测量胡须角度与位置，进行局部修剪。模板同时也是梳具，提供两种齿距，可适应不同浓密长短需求，方便脸颊、下巴、颈部各部位胡须轮廓的修剪。尾端毛刷还可随时清理毛发，实用指数高，大胡子绅士也能修整得一脸利落。

金属工具强化
阳刚气质

272

Krow' s Combs / 战术铁梳

以枪械级不锈钢为材料、以抛光、手工拉丝技术制成，外观抢眼粗犷，实际用起来却意外温顺，手感佳。战术铁梳以强悍功能性为一大特点，梳具一边是开瓶器，另一方则用坚韧战术伞绳缠绕，可当作野外求生工具。产品本身虽具有粗犷气质，但其开瓶与绳编的设计实用性高，不锈钢制成的梳身也极富质感，适合作为休闲穿搭中加入些许阳刚气质的点缀。

英国王室认证的
高品质入门梳具

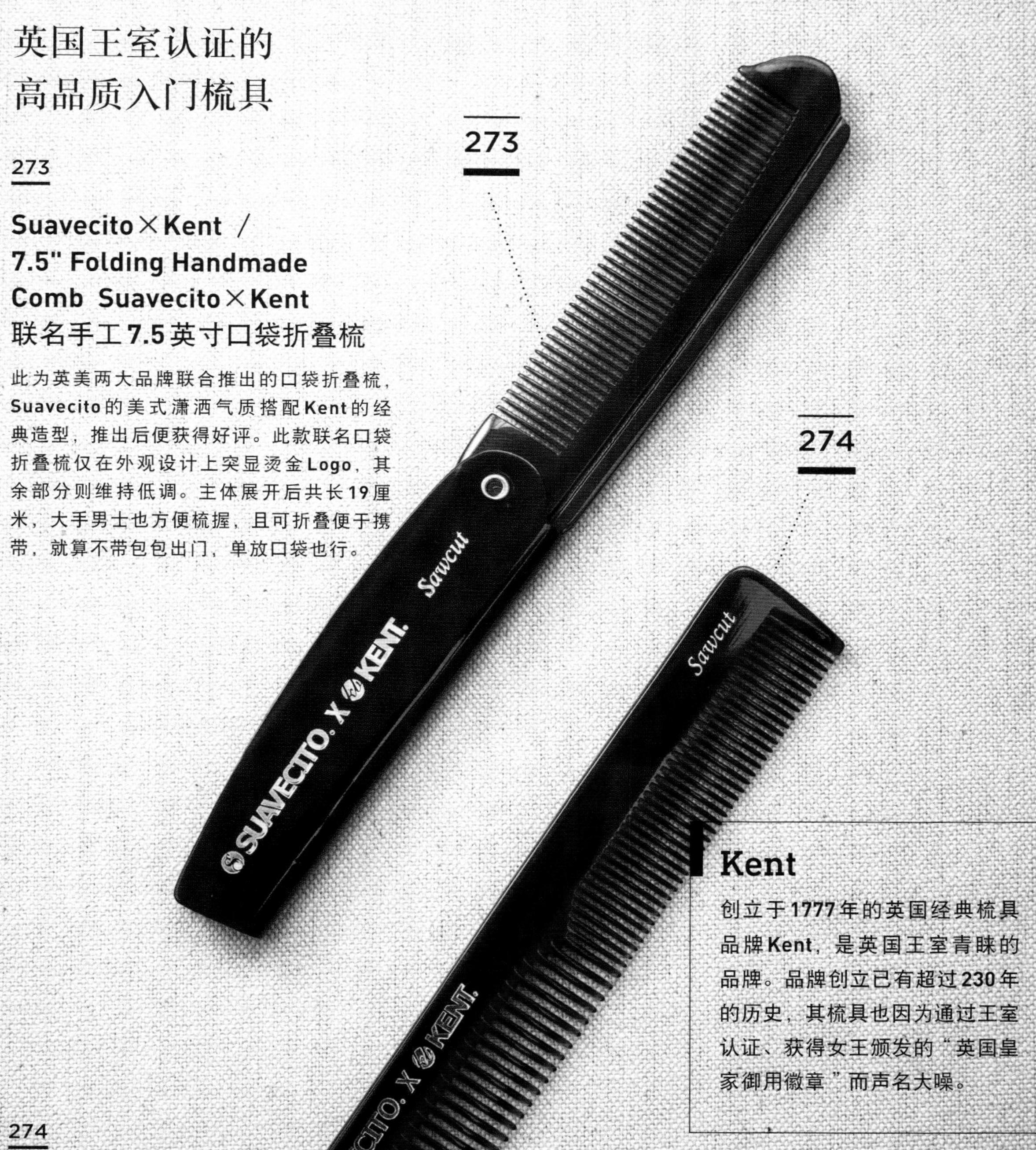

273

Suavecito×Kent / 7.5" Folding Handmade Comb Suavecito×Kent 联名手工7.5英寸口袋折叠梳

此为英美两大品牌联合推出的口袋折叠梳，Suavecito的美式潇洒气质搭配Kent的经典造型，推出后便获得好评。此款联名口袋折叠梳仅在外观设计上突显烫金Logo，其余部分则维持低调。主体展开后共长19厘米，大手男士也方便梳握，且可折叠便于携带，就算不带包包出门、单放口袋也行。

Kent

创立于1777年的英国经典梳具品牌Kent，是英国王室青睐的品牌。品牌创立已有超过230年的历史，其梳具也因为通过王室认证、获得女王颁发的"英国皇家御用徽章"而声名大噪。

274

Suavecito×Kent / Suavecito×Kent 6" Medium Handmade Comb · Suavecito×Kent联名手工6英寸扁梳

除了折叠梳，经典扁梳也是长青款。此款联名扁梳同样以Kent经典扁梳设计为主体，烫金Logo低调中突显品牌标识。手工制作，质地散发出英式皇家风范。长15厘米，并采用双齿设计（double teeth），适合男士梳理油头造型。涂抹发油后使用粗齿部位可让发油均匀分布；细齿处则适合分线，整理刘海儿或集中推高局部造型。由于梳具尺寸稍长，较适合男士在家或出门前的发型梳理，同款设计还有7.25英寸（约18.42厘米）的稍大版扁梳。

BIXBY BRAND

BIXBY BRAND是一个来自美国的精致手工梳具品牌，品牌的起源其实是音乐。原来品牌的创办人是位音乐爱好者，他很喜欢吉他的拨片及鼓壳上的赛璐珞材质。他思考着如何能让他喜欢的赛璐珞质感也成为表演舞台中的一个元素。因此他设计出一个具有独特标志但也可以具有功能性的东西，让观众看得见，乐手也能使用，没想到后来发展出一系列大受欢迎的手工梳具。

276

口袋中飘散的淡淡摇滚气质

275

BIXBY BRAND / Beard Pick · 浅琥珀机油色挑梳

以有机树脂为原料，纯手工打造，承袭百年传统制梳法而成的挑梳。梳具长宽为7.5厘米×3.5厘米，适合用作胡鬓造型，挑梳小巧精致，可放进口袋，便于携带。梳齿采用圆尖面及抛雾处理，刷过肌肤触感正好。另有黑、祖母绿、黄金白等不同颜色，寻找可外出携带且讲求造型梳具色彩质地的男士可特别关注。

275

276

276

BIXBY BRAND / Wide（Fine）Teeth Comb · 烟草色粗（细）距梳

长度适中的5.5英寸（13.97厘米）梳具，同样纯手工制作，添加凹槽的设计，摆脱一般平面直梳造型，符合握梳时的人体工学，手感也更为顺畅紧密。铁盒包装的梳具极具质感，多种色彩亦可作为局部穿搭的选择。同款设计有粗、细两种齿距，可用粗齿先梳理方向，再用细齿做细部雕塑。

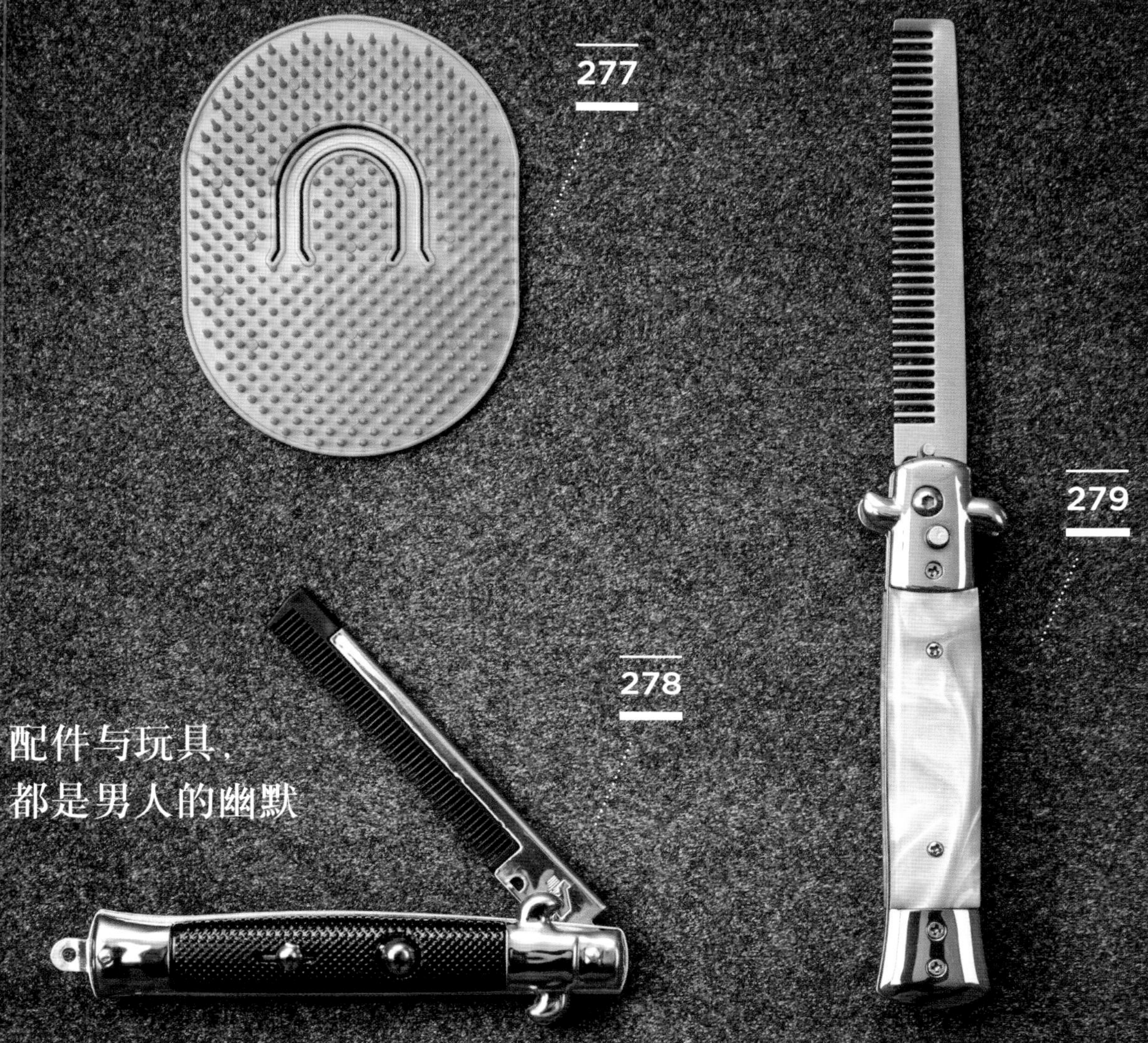

配件与玩具，
都是男人的幽默

277

Suavecito Pomade / Palm Comb · 携带式掌梳

知名水洗式发油品牌Suavecito推出的梳具。扁平的携带式造型掌梳，其实就是以20世纪60年代的经典复古掌梳为蓝本。掌梳设有指环，使梳具成为手掌的延伸。使用耐磨的工业级塑料制成，方便清洗，且具有不同于一般梳具的手感。这类小型掌梳专门用于油头的梳整，通过手掌的抚梳，让油头更显服帖，并可同时按摩头皮。同款设计还有缩小版的尺寸，可用来梳整胡须。

278

Switchblade Pocket / 复古弹簧扁梳

还记得美国老派飞车党、意大利黑手党的基本配备吗？此款弹簧扁梳的概念即是取自欧美兄弟的爱好——弹簧刀。此款造型梳具，蕴含飞车党与意大利黑手党的江湖趣味，主要材质为塑料，内部则改良弹簧及金属元件，轻巧易携带。其定位偏向穿搭道具与入门梳具。

279

The Goodforit Barberclub / High Standard Switchblade Comb · 高端珍珠握柄弹簧铁梳

同样取自弹簧刀的设计概念，但更提升整体手感与质感。特选404不锈钢材质打造，具有厚实梳体及稳重握感，背面更附有铁夹，方便夹扣于裤袋，兼具装饰与实用性。穿搭中应用些许幽默配件可成为点燃绅士聚会话题的烁烁星火。

Wild & Wolf

来自英国的设计品牌Wild & Wolf，强调它们所做的一切都是围绕着设计。他们推出许多生活风格相关的男女用品，并依照商品定位特色，分出不同系列。Gentlemen's Hardware便是Wild & Wolf旗下一

280

280

Gentlemen's Hardware / Shaving Bowl & Soap · 珐琅皂碗檀香胡皂组

舍弃快速的剃须泡，从沾抹胡皂开始，Gentlemen's Hardware珐琅皂碗与檀香胡皂组要男士练习手动打泡剃须，回归老派英国绅士的讲究态度。建议另外搭配胡刷使用，泡沫更绵密细致。此外，胡皂附上珐琅皂皿，方便摆放收纳，送礼自用两相宜。

282

281

281

Gentlemen' s Hardware / Lip Balm · 无色无味配方护唇膏（10g）

很多人觉得用护唇膏很“娘”，其实使用护唇膏不是女性的权利，男性也要记得适时滋润双唇。Gentlemen's Hardware护唇膏采用无色无味配方，涂抹于唇上没有黏腻感，大大提升使用体验。而不败的黑银外盒搭配，从包装就展现男士独特的时尚眼光。

282

Gentlemen' s Hardware / Hand Salve · 护手霜（85g）

无色无味无人工添加，适合各种肤质使用，与一般市售条状护手霜相比，刻意以铁罐营造浓浓怀旧感，晋升好品位礼物行列。而Gentlemen's Hardware的包装瓶罐也都很美观，使用过后，铁罐也可做其他利用，比如种多肉植物，或是装纽扣、烟草，不经意流露重视品位的生活方式。

个主题的男士生活物件的系列。由于品牌本身就是从设计产品出身，**Gentlemen's Hardware** 亦非常重视包装，因此让它的商品具有鲜明的礼品定位，也是淑女送礼的最佳选择。

283

283

Gentlemen' s Hardware / Brick Soap · 爱德华红砖肥皂

英国 **Gentlemen's Hardware** 系列礼品，为生活注入各种新鲜元素，推出咖啡壶、叠衣板、鞋拔等各种带有英伦绅士风的物件。红砖肥皂的概念仿自英国爱德华时代建筑常用的红砖墙，价格实在，造型有趣，带复古元素，访客来到自家洗手间时，也能留下深刻印象。

284

284

Gentlemen' s Hardware /
Hand Care Kit · 护手礼盒

礼盒中包括了红砖肥皂、护手霜以及木质指甲刷，红砖肥皂与护手霜可分开购买。

285

286

塑造短发层次与自然蓬松效果

285

Black Label Grooming / Craft Clay · 无光泽发泥

全球爆红的英国美发品牌Black Label成立后推出的首件商品，刚面世就以黑马之姿获得高度瞩目，甚至有网友号称是其用过的最好的发泥。配方取自风化后火山灰的膨润土，添加高黏度无光泽配方，适用各种发质，定型、重塑或打造高层次发型皆展现优异性能。尽管黏性高，洗头时多搓几下即可洗去，头发在微湿或全干时都可使用。

286

Fellow Barber / Texture Paste · 多功能无光泽发泥

纽约新锐美发品牌Fellow Barber推出的发泥产品，不只是发型，也可应用于胡鬓造型，可以表现出自然、无光泽感的效果，特别适合喜欢蓬松感、不喜油腻发型的男士。建议头发全干时使用，双手蘸取适量发泥，搓揉后涂抹于发根或发尾。

手指雕塑必修课

288

MURDOCK LONDON / Matt Putty · 雾面造型发泥

此款雾面造型发泥是品牌针对使用者建议进行回馈而开发的，使用后可以实现发型自然柔润且稳定性高的效果。适合运动量大，但又想维持复古油头造型的绅士使用。雾面打造而成的发型，视觉效果自然，又能轻轻松松维持稳固。

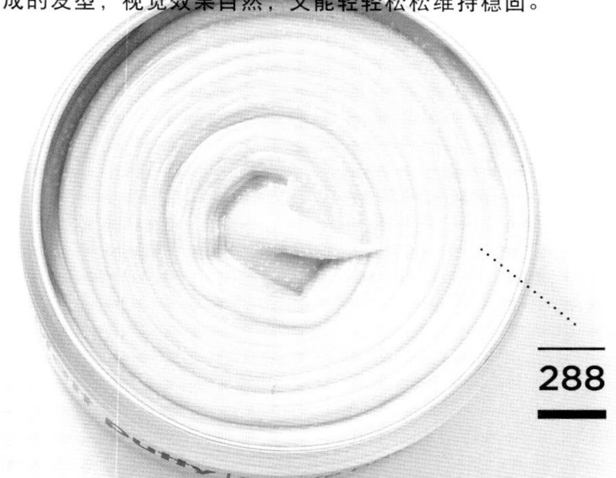

288

287

289

MURDOCK LONDON / Hair Doh · 亮面造型发蜡

如果你需要极高的定型力，此款亮面发蜡会是你的必购单品之一。它能塑造出极好的效果，甚至适合专业发型师设计特殊发型。此款发蜡也很适合打造20世纪50年代流行的quiff发型（一种额前向上梳的发型）。光泽感可以让头发显得轻盈，高度定型力可防止后梳或高梳的头发塌落。

289

287

MURDOCK LONDON / Sea Salt Styling Spray · 海盐造型喷雾

此款海盐喷雾并非保养品，而是造型品。萃取柑橘、柠檬精油与天然海盐精华，应用于湿发，可作为头发在造型前的打底准备；应用于干发，则可以使头发呈现自然蓬松的雾面效果。

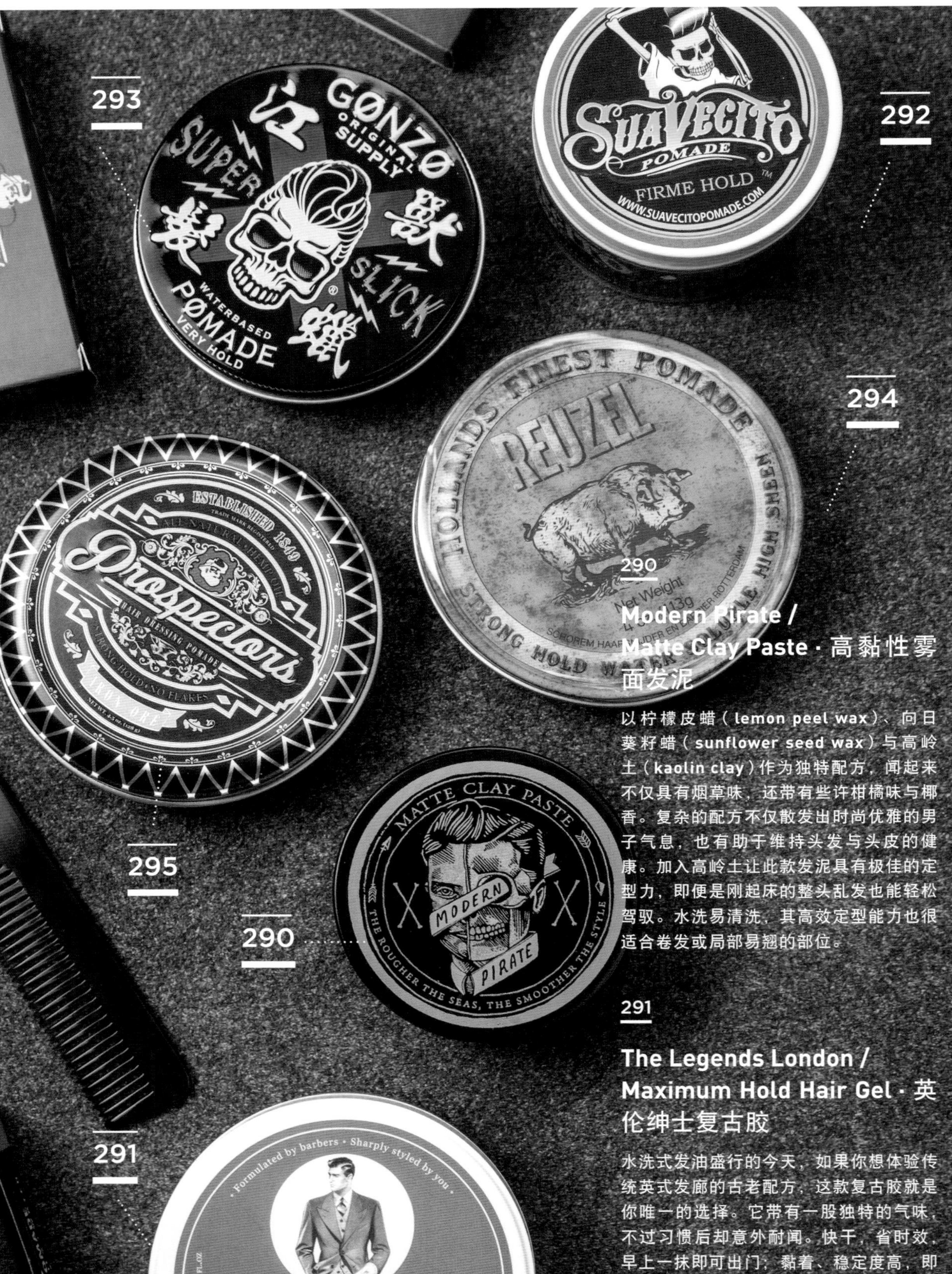

290

Modern Pirate / Matte Clay Paste · 高黏性雾面发泥

以柠檬皮蜡（lemon peel wax）、向日葵籽蜡（sunflower seed wax）与高岭土（kaolin clay）作为独特配方，闻起来不仅具有烟草味，还带有些许柑橘味与椰香。复杂的配方不仅散发出时尚优雅的男子气息，也有助于维持头发与头皮的健康。加入高岭土让此款发泥具有极佳的定型力，即便是刚起床的整头乱发也能轻松驾驭。水洗易清洗，其高效定型能力也很适合卷发或局部易翘的部位。

291

The Legends London / Maximum Hold Hair Gel · 英伦绅士复古胶

水洗式发油盛行的今天，如果你想体验传统英式发廊的古老配方，这款复古胶就是你唯一的选择。它带有一股独特的气味，不过习惯后却意外耐闻。快干，省时效，早上一抹即可出门；黏着、稳定度高，即便下班到俱乐部跳舞发型仍然不变。它是市面上唯一一款复古胶，尤其适合追求经典风格的传统绅士。

在发油世界里，
油水未必总是壁垒分明

292

Suavecito Pomade / Suavecito Firme Hold · 强力款水洗式发油

来自美国加州的Suavecito Pomade主打水洗式发油，近年快速受到美、日两地时尚雅痞男士的喜爱。此款经典发油（original hold）加强版的定型力与黏着性更强，适合表现经典的绅装油头，也可应用于近年流行的两侧利落推剪，是当下发油界的热销款。

293

Gonzo Original Supply / Super Slick Pomade · 江兽水洗式发油

专为亚洲人设计的江兽水洗式发油，力抗潮湿闷热气候与发型遇汗崩塌的困扰。产品于日本生产，采用独家抗汗配方，具有非常强劲的定型效果，绅装油头几乎是小菜一碟，其强度甚至可打造出日本狂派暴走、朋克族群的特色发型。

294

Reuzel / Reuzel Blue Strong Hold High Sheen Pomade · 蓝猪强劲款水洗发油

发质偏软的人，有时不适用一般黏度的水性发油。此款荷兰鹿特丹明星发廊Schorem Barbier所推出的蓝猪强劲款发油，收干后的定型效能及亚光质地很适合这种发质使用。除了蓝色款，还有红色、绿色与粉红色等不同配方，极富质感的仿旧设计，从外观看起来便个性十足。

295

Prospectors Pomade / Iron Ore Case · 淘金者铁矿版发油

Prospectors Pomade的发油内罐总饰有复古铁鞍或炼油蒸馏塔图案，彰显硬派、阳刚形象。以铁矿命名的此款水洗发油，配方中添加了大麻籽精油，除了具有塑型效果，更兼具发质保养的作用。发油带有红宝石色泽，味道内敛成熟、不张扬。特别的是，此款发油除了受到成熟绅士欢迎，也得到不少女性顾客的好评。

PART

III

绅士的内涵

A Gentleman's Dignity

The Thinker,
The Gentleman

通常定义的绅士，也意指士绅，是早年阶级制度中，最低阶的贵族。现代对于绅士的形象认知，基本上是穿着得体，有西装、领带、皮鞋，华服笔挺的既定印象。拥有专业领域的知识、能力，行为举止符合多数人期待的礼貌，是团体中的意见领袖，这些都是绅士外部形象的写照。回到内在，绅士最有价值的，应该是某种思想。如果“绅士”一词可以通过文学家来描绘，那么“文学绅士”，除了拥有立体与坚定的思想，他还要是会将思想落实于社会的行动者。“二战”之后约莫20年间，西方文学界曾经出现过一次特别美丽的盛世荣光，小说家、剧作家、诗人们的作品广为流传，那些文学家奠定了许多迄今依旧共通流动的创作认知。创作了《局外人》《鼠疫》《西西弗斯神话》的加缪，以《老人与海》成就了经验者足以虚构人生的海明威，以《等待戈多》定义现代荒谬戏剧基础的贝克特，通过《冷血》《蒂凡尼早餐》宣告大众文化开启的杜鲁门·卡波特。当然还有马尔克斯的《百年孤独》、将日本美学推向世界的川端康成，以及在诗歌里找到爱情的眼泪与微笑的聂鲁达……这些文字艺术家，都是令人敬佩的“文学绅士”。他们在法国、美国、爱尔兰、墨西哥、日本、智利等世界各地不同的国度，借由文学创作来探索思想，不断带领人类抵达繁花般抽象经验的高处。

这种捕捉美感，描摹情绪，引起广泛的人类感官共鸣的努力，在逐渐失去细节观察与感触能力，内心日渐粗糙的现代人看来，真的是另一种幽微与感性的价值。人之所以为人，与其他生物的不同，不仅只是理性思维，还有这种捕捉抽象感知的能力。以抽象的文字捕捉抽象的情感，这件事本身就充满矛盾，是一种美丽与哀愁。文学绅士也应该是充满矛盾的人道主义者。一方面，他们借由这种矛盾向内自省，时时刻刻进行自我批判。因此我们得以看见川端康成的反战，也看见他在诺贝尔文学奖领奖时发表《我在美丽的日本》，抒发自己对于日本与和民族的美的体验。如果现在，我们依旧觉得“日本”一词足以代表某种内敛、细致、羞怯、精美的感官美学，那是因为川端康成通过小说家的笔，让世界的目光眺望了日本列岛。这就是文学家作为绅士，在精神层面上的表现。

另一方面，也因为这种极度浪漫的意志，这些文学家对于日常生活，其实比读者想象的更加入世，真实地在实践绅士风格。比如“二战”爆发时，加缪担任《共和晚报》主编，然后在巴黎担任《巴黎晚报》的编辑部秘书。德军入侵法国之后，他躲入地下组织，加入反法西斯的抵抗运动，也负责《战斗报》的出版工作。西班牙内战时，聂鲁达是投入民主社会运动的行动者。浪漫的硬汉海明威，则是一名典型的战地记者与猎人。当我们对现在的文学家怀有虚无与个人主义的既定印象时，其实是忽略了上个世纪那些以行动为现代文学奠定真实基础的创作者。文学家是思想上的绅士，是将自我意志付诸行动的浪漫主义者。他们以文字实现社会改革，成为一辈子的权位反抗者。如果说，文学本身就是自我检视的一种媒介，那文学家面对绅士的身影，甚至也会出现如同贝克特的怀疑，质疑绅士作为一种阶级位置的价值何在。或许就是因为反复辩论与验证，握着笔杆的文学家们，才是真的将日常生活转化出艺术高度的另类绅士。

高翊峰 | 小说家、编剧、杂志人。现在专职写作。2012年《联合文学》评选为“20位40岁以下最受期待的华文小说家”。曾职*MAXIM*、*GQ*、*FHM*等杂志。获林荣三文学奖、联合报文学奖、时报文学奖。编剧《肉身蛾》获金钟最佳编剧奖。《[illegible]》《泡沫战争》入围台湾文学长篇小说金典奖决选与台北国际书展大奖决选。

电影中的绅士姿态

Gentleman in Action

士姿态，起源于一种“地位”。在英国的悠久世传统中，以前只有贵族名门，符合血统或宗派条才够格称得上绅士。但在1830年的法国七月革展开后，旋即为1852年的英国奠下改革法案基，举凡中产阶级都可被称作绅士。这也说明为何012年上映的电影《悲惨世界》算是历史最早的于平民绅士的电影。本片由英国导演汤姆·霍珀Tom Hooper）执导，片尾法国大革命重要场景男主角是由英国小生埃迪·雷德梅因所饰演。一平民斗士，开创了英、法绅士新贵的历史。而在国，许多中产阶级变成新贵，《了不起的盖茨比》部美国新富阶层的爱情故事，虽然描写的是20世20年代的爵士，但莱昂纳多·迪卡普里奥在片中角色就是一个暴发户，虽然西装笔挺，但无论在情关系，或对自己的绅士身份，皆有种不知如何自处的生涩。反倒是熟稔于贵族文化和有闲阶层的欧洲影星，绅士风范根本不用演。西方也不乏女性扮演绅士的电影，德国女星玛琳·黛德丽（Marlene Dietrich）曾在20世纪30年代的电影《摩洛哥》中女扮男装，她的绅士扮相魅倒世人，可说比男人还男人，比绅士还绅士。绅士姿态是一种“情感结构”，它是小资产阶级向上爬升后逐渐产生的自我良好感。在华语电影中，也可见到这类充满绅士情怀的角色，梁朝伟饰演的多部电影皆是如此。李安的《色·戒》，为20世纪40年代那个张爱玲笔下风云际会、诡谲多变的社会，塑造出易先生这个残酷却又绅士派的角色，他是一个可以随时带着女伴去买鸽子蛋钻戒的老手，也难怪王佳芝会不由自主爱上他。而擅于拍摄爱情故事里中层阶级拘谨魅力的导演，非王家卫莫属，《阿飞正传》《花样年华》总

是以20世纪60年代的香港呼应着20世纪30年代的上海，而梁朝伟从《阿飞正传》片尾以周慕云梳油头、换西装的画面登场，一直延续到《花样年华》《2046》周慕云对苏丽珍发乎情、止乎礼的绅士风范，皆是影史中的经典。绅士姿态，其实更像是一种“作风”。当代电影中的绅士潮流，最具代表性的是杰里米·艾恩斯，这位身形清瘦、谈吐优雅的绅士，从《法国中尉的女人》到《烈火情人》都可以看到他那种玉树临风的翩翩风度。然而，随着他到美国好莱坞发展之后，陆续接演反派角色，也失去了将英国绅士电影推向世界的可能。而007系列电影，从肖恩·康纳利（苏格兰裔）、皮尔斯·布鲁斯南（爱尔兰裔）再到现今的丹尼尔·克雷格（英格兰裔），绅士的作风逐渐被肌肉线条、武打动作所取代。在绅士风格稍微失焦的同时，2015年《王牌特工》这种强调“礼仪，成就不凡的人”精神的电影便身负重任重出江湖，不让邦德继续横行。社交礼仪、西装革履内外兼修才是重点所在，这部电影重新让影迷体会地道英式绅士风格。主演该片的科林·费尔斯，其实早在1995年主演《傲慢与偏见》英国迷你剧的达西先生身上，就可以看出他的贵族绅士气质，而2001年《BJ单身日记》则几乎彻底打开了当代绅士的所有可能，GUCCI前创意总监汤姆·福德后来找科林·费尔斯来演他首度执导的电影《单身男子》，是再合适不过了。

徐明瀚 | 电影与艺术评论人。台湾“国家电影中心”《Fa电影欣赏》执行主编。台湾交通大学社会与文化研究所毕业，现为台北艺术大学美术系博士生。策划过多档影展，研究领域集中在当代欧陆哲学、东亚美学现代性与华语独立影片艺术

PART

Ⅳ

定制一位绅士

Making of a Gentleman

金牌裁缝的定制全讲解

Step by Step 定制指南

金兴西服 /
设计总监 丘文兴
总经理 游金涂

金兴西服的店名，取自丘文兴与游金涂两位创始人。两位师傅皆是业界响当当的人物，有超过30年的从业经验，除了为多位名人制作服装，两位师傅更是各种比赛中的常胜军。除了多次得到台湾裁剪公开赛的肯定，两位师傅也曾多次参加国际比赛，2016年在泰国举办的亚洲西服同业联盟大会勇夺创意设计金牌奖，又在韩国夺下“第55届世界金针金线竞赛男装组金牌”以及“个人男装设计师奖”的殊荣。

相对于女装，男装的设计其实有许多框架与限制，一旦打破就会影响帅气、成熟或稳重的感觉，所以男装的世界更注重优秀的用料以及工艺。在这样的逻辑下，“定制服”便是一种服装工艺的极致呈现，也是男装风格探索的一个必经过程。

什么是定制服？定制服的魅力为何？对于没有实际体验过的人来说，很难解释穿上定制服之后合身惬意的从容自信感。不过没有吃过猪肉，还是可以了解猪怎么跑的，La Vie特别邀请金兴西服的两位灵魂人物游金涂（左）、丘文兴（右），分享定制服的流程与价值所在。

1

1. 确认需求，挑选面料

没有定制经验的人，通常会担心师傅的手艺、服装板型是否符合自己需求。特别是年轻族群，更会在意是否合身、修身。因此在定制之前的沟通，便是顾客与师傅互相了解的最好时机。建议可以先厘清自己着装的目标与场合、让师傅充分了解你的需求，才能提供适当的面料建议。Dormeuil、Loro Piana、Scabal、Zegna都是常见的高阶面料，部分定制店也会刻意挑选国内少见的特殊面料，做出市场区分。入门者若无法判断品质好坏，建议还是先回归预算，以需求去挑选自己喜欢的颜色与图案。

2. 讨论款式与设计

确定使用需求与目的后，接着就可以与师傅讨论适合的样式与设计，包括领型、扣数等细节。这个阶段也可以在挑选面料前进行，重点在于使用者与师傅之间的沟通与确认。通过对话，多少可以感受到师傅的经验、功力以及对风格的判断。如果不是很确定自己的感觉，建议多跑几家店，找到最适合自己的师傅。

3. 量身

设计方向确定之后，便可开始量身。这里也是定制服的重头戏，量身的同时，店家会把你的身型数据记录下来。而专业的师傅，除了翔实记录身体尺寸，也要懂得以此判断如何调整设计。有些人胸部的位置偏高，有些人手臂较长，这些不同的身体姿态，便要与专业师傅的经验结合，找到最适合的服装比例、轮廓以及感觉。

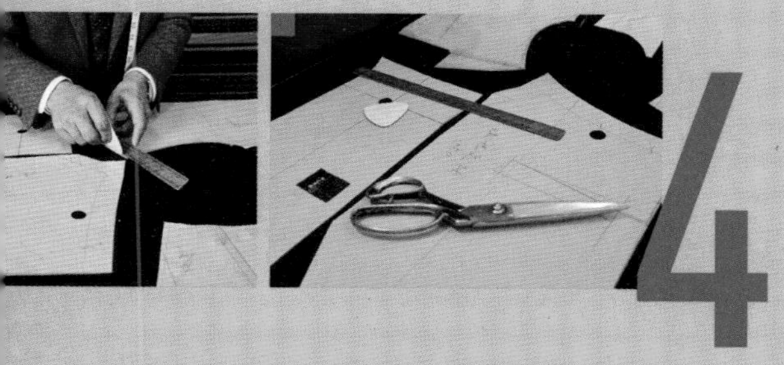

4. 打板设计

确定各项身型数据后，师傅便会在纸板上描绘出个人的身型样板，制作一份独一无二的板型。以此为范本，在选用面料上绘出板型，接着裁布，并手工缝制毛坯，打板与毛坯制作通常需要一至两个星期。

5. 毛坯试穿

所谓毛坯，就是将平面化的个人数字，雕塑成立体化的服装雏形。就像是画作的素描初稿，借此确定大方向是否正确。当毛坯完成时，师傅便会请顾客前来再次试穿，依据试穿的状态，进行更精确的调整与修改。全定制服至少会有一次毛坯试穿，部分身型较为特殊的顾客，可能会需要试穿两次，以保证成品的合身效果。

6. 成品完成

“无中生有”是全定制服的主要诉求，过程中会需要大量的手工缝制，在毛坯试穿后，师傅会依据调整后的方向进行修改，一般会需要一两星期的制作时间来完成最后的成品（当然也要视店家是否手中同时有许多订单）。而当成品完成后，便可前往店家进行最后一次试穿，与师傅确认成品是否符合身型与需求。没有问题的话，就可以把全新的西装带回家了。

文 /Daniel Chou、彭永翔、刘语柔

Benson & Clegg

于1937年创立，1976年搬到伦敦著名的杰里街皮卡迪里拱廊街商场（Piccadilly Arcade）内，并于1992年得到查尔斯王储的认可，为他提供纽扣、徽章和军用领带，Benson & Clegg是现代士绅名流来到伦敦寻找高级定制服饰的首选。

http://bensonandclegg.com

Berluti

时尚与优雅的造型，仅用肉眼观看便可体会其美感与价值所在。皮鞋至此成为工艺与艺术的集合，也是所有绅士的梦幻鞋履。

http://www.berluti.com

Carnival

台湾最大西服品牌，也是许多大叔绅士的经典记忆。随着绅装年轻化的趋势，除了推出副牌，也提供半定制服务，性价比极高的半定制也是入门级绅士的练习起点。

http://www.carnival.com.tw

Cutting Edge Barber Shop

台湾首家英伦绅士发廊，由英籍专业理发师丹尼尔（Daniel）实践待客之道。除了体验专属发型设计，也不妨试试地道的英式剃须，彻底改头换面一下。

https://www.facebook.com/Cuttingedgebarberhualien

Crockett & Jones

经典百年老牌Crockett & Jones的所有鞋子都是以固特异鞋履工艺制成，使用鞋底与沿条相对独立的缝制技术，制鞋过程复杂，每双鞋需长达8周制作，经由8间工作室、200多道步骤，保证每一只鞋都能独立更换鞋底，正是因为对传统工艺的坚持，才能让他们一直稳坐英国经典制鞋品牌的头把交椅。

http://www.crockettandjones.com

E. Tautz

前身为老牌定制品牌E Tautz and Hammond & Co.，转型后带着时尚的“高街运动风”，不变的是对于材质的讲究，而轮廓采取oversize（宽松）设计，毕竟，作为绅士就该懂得在周末好好休息，服装也是如此。

https://etautz.com

Goodforit

主打美式复古、西部风格男性用品，除了多种欧美居家、服饰品牌，更引入大量男用理容产品。各类剃须刀、梳具与发油发蜡都可在此搞定。除了实体店铺，也推出App方便外地绅士选购造型小物。

http://www.goodforit.com.tw/v2/official

Henry Poole & Co.

成立于1806年的Henry Poole & Co.，有着辉煌的定制历史，现在你我所熟悉的燕尾服就是在1886年由Henry Poole（亨利·普尔）发明，现已成为男装时尚的经典剪裁。拿下的王室认证更高达四十几张，时序穿越百年，从威尔士亲王到丘吉尔首相都是他们的贵客。每位打版师皆有专门负责的国外市场，与该市场的顾客建立长远关系，往往一合作就是一辈子。

https://henrypoole.com

Hilditch & Key

时尚老佛爷Karl Lagerfeld（卡尔·拉格斐）身上的白衬衫都是由他亲自设计衣领后，再交由Hilditch & Key的工匠们量身定做。第一次定制衬衫时最少需定制4件，约需量身22~26个部位，如肩膀、袖长、袖口大小。一件定制衬衫约需16~18双巧手制作，分别负责缝纽扣、制作袖口、衣领……就连最后的熨烫程序都有专人负责，一切皆是“魔鬼细节”。

http://www.hilditchandkey.co.uk

James Smith & Sons

19世纪的创新发明福克斯金属伞架（fox frame），以金属取代过往欧洲常见的鲸骨伞架，可谓当代雨伞的典范，而James Smith & Sons就是第一家采用该设计的经典老店。

https://www.james-smith.co.uk

MCVING

时而复古时而前卫的设计趣味，呈现出绅士风格现代、时尚的另类气质。在设计中加入多种使用可能，极富创意的设计让绅装风格亦可适应不同生活功能。

http://www.mcving.com

New York Hat & CAP

台湾第一家引进美式复古绅士帽品牌New York Hat的店铺，除了美式复古风格，也有日本手工绅士帽，样式丰富。这里是爱帽客的天堂，不时也能偶遇舞者与艺人来此寻找优质好帽。

https://www.facebook.com/NEW-YORK-HAT-116342368392792

OAK ROOM

乘载远从英国、意大利、西班牙、日本漂洋过海而来的绅士精品，英国百年老店品牌、王室名人钟爱皮件、领带与西装，让忙碌却渴望品位的男性，在舒适惬意的氛围中，一次搜罗最潮的行头。

http://www.oakroom.com.tw

UNITED ARROWS

严选日本与意大利当季最新款服饰配件，服装风格涵盖时尚、街头、商务与休闲，最原汁原味的日本绅士定位，也是绅士玩家们必搜的品位地图。

http://www.united-arrows.tw

Sculptor Barber

由艺术家周世雄所创立的Sculptor Barber，发掘老公寓躯壳的无限可能，创新的半价“约会理容”与“宿醉疗程”，更体贴时常交际应酬的绅士们，疗愈疲惫的肩颈和心神。

https://www.facebook.com/sculptorbarber

X By Bluerider

如何从艺术跨界生活？充满设计感与美学的选品，或许是一种良方。处处是平面画作、装置艺术、艺术家联名限定版服装、欧美皮件以及理容用品，钟爱艺术气息的文艺绅士一定要到此一游。

http://www.xbybluerider.com

土屋鞄制造所

日本手工制作，以耐看耐用设计思维延伸而成的各类皮制包袋。由于做工繁复，店面采用预约制，从免费订阅的“土屋通信”即可一窥其严谨、认真的品牌性格。

https://tsuchiya-kaban-global.com

ORINGO林果良品

强调品牌自主设计与台湾生产，没有高调宣传，好品质与平实亲切的价格，是品牌默默成为台湾绅士鞋入门首选的主要原因。

http://www.oringoshoes.com

高梧集

引领绅装潮流的定制服店，不同于时下西装诉求基本教义派的定制风格，偏爱领片较宽、下摆稍长、自然肩线的经典款式。更坚持所有西装配件的合作工厂一定要到现场审核，不轻易妥协所有质感细节。

https://www.facebook.com/GaoWuCollection

诚品文具馆

一应俱全的各类书写工具与笔记手账，不论是入门还是高端文具，诚品文具的选物，总是眼光独到。每年不定期举办多元文具展，也是文艺绅士们的入门选择。

http://www.eslite.com

金兴西服

两位获得国际设计大奖的师傅的定制服装专卖店，在此可见识台湾一流匠人的专业技艺以及亲和态度。两位师傅的穿衣风格与美学品位，如同店内陈列的多面奖牌，帅到不行。

https://www.facebook.com/goldentailor.tw

雅痞士

主打绅士细节配件，严选多种口袋巾、领带、围巾与绅士袜品牌，搜罗各种色彩、质地、图案与设计，在家也能轻松采买风格配件。

http://www.yuppiesstyle.com

镰仓衬衫

懂得好坏优劣，坚持高品质但价格合理的衬衫专卖店。材质主要以100%纯棉为主，用200支到300支的顶级面料，追求诚心正意、一针入魂的匠人气魄。

https://www.facebook.com/kamakurashirt.taiwan

图书在版编目（CIP）数据

绅士的日常 / La Vie 编辑部著 . -- 北京：中信出版社，2018.1

ISBN 978-7-5086-7503-9

Ⅰ . ①绅… Ⅱ . ①L… Ⅲ . ①男性－服饰美学 Ⅳ . ①TS976.4

中国版本图书馆 CIP 数据核字 (2017) 第 221918 号

《绅士的日常》
La Vie 编辑部 著

绅士的日常

著　　者：La Vie 编辑部
出版发行：中信出版集团股份有限公司
（北京市朝阳区惠新东街甲 4 号富盛大厦 2 座　邮编　100029）
承 印 者：北京利丰雅高长城印刷有限公司

开　　本：787mm × 1092mm　1/16　　印　　张：14　　字　　数：127 千字
版　　次：2018 年 1 月第 1 版　　印　　次：2018 年 1 月第 1 次印刷
广告经营许可证：京朝工商广字第 8087 号
书　　号：ISBN 978-7-5086-7503-9
定　　价：78.00 元